高立龙　著

生态文明建设

湖南实践

Construction of Ecological Civilization

Practice in Hunan

目　录

绪　论

党的十八大明确提出要大力推进生态文明建设，努力建设美丽中国，实现中华民族永续发展。党的十九大报告提出：要牢固树立社会主义生态文明观，推动形成人与自然和谐发展的现代化建设新格局。十八大以来，以习近平同志为核心的党中央把生态文明建设作为统筹推进“五位一体”总体布局和协调推进“四个全面”战略布局的重要内容，谋划开展了一系列根本性、开创性、长远性工作，推动生态环境保护发生历史性、转折性、全局性变化。湖南积极响应中央号召，以湘江流域生态治理与保护为重点，全方位和多领域地推进了生态文明建设，以敢为人先的精神，以经世致用的情怀，以勤勉卓越的实践，在21万多平方公里的广袤土地上绘制了一幅恢宏磅礴的生态中国画。

一　本书的背景与意义

党的十八大以来，以习近平同志为核心的党中央领导全党全国人民大力推动生态文明建设的理论创新、实践创新和制度创新，开创了社会主义生态文明建设的新时代，形成了习近平生态文明思想。习近平生态文明思想揭示了社会主义生态文明发展的本质规律，开辟了当代中国马克思主义生态文明理论的新境界，对建设富强美丽的中国和清洁美丽的世界具有非常重要的指导作用。近年来，在习近平生态文明思想指引下，我国生态文明建设取得了一系列重要成就：连续开展中央环境保护督察，实现省、区、市全覆盖，问责 1 万余人，解决了一大批突出的环境问题；加快推进落实河长制和湖长制，设立省、市、县、乡四级河湖长，有效解决了水环境管理中的“九龙治水”问题，实现了制度上的重大创新；有序推进省以下环保机构监测监察执法垂直管理制度改革，开展按流域设置环境监管和行政执法机构、生态环境损害赔偿制度改革试点；推动自然资源资产产权制度改革，逐步探索建立流域排污权交易、生态补偿等市场化机制；环境保护法、大气污染防治法、水污染防治法、环境影响评价法、环境保护税法等法律完成制定和修订，打击环境违法行为力度空前；由国土开发保护制度、空间规划体系、资源总量管理和节约

制度、资源有偿使用和补偿制度等八方面的制度共 85 项改革任务和成果，构成了源头严防、过程严管、后果严惩的生态文明治理体系。

由于历史原因，湖南省污染防治和生态环境治理领域的工作开展较早，无论是早期的湘江重金属污染治理，衡阳水口山、郴州三十六湾等老工业基地和重要工矿区的污染防治，还是“资源节约型、环境友好型”社会建设，“一湖四水”（洞庭湖及湘江、资江、沅江、澧水）生态环境治理，湖南省各级政府、企业、民众、学术界、社会组织都进行了不懈的探索和努力，形成了一系列污染防治和生态环境保护的经验、模式与成果。党的十八大召开后，湖南积极响应国家战略，全方位推动生态文明建设，《湖南省湘江保护条例》成为我国第一部江河流域保护的综合性地方法规，中国共产党湖南省第十一次代表大会做出建设“生态强省”的战略部署，将湘江保护与治理列为省政府“一号重点工程”，实施三个“三年行动计划”。以“一湖四水”流域为主战场，印发了《统筹推进“一湖四水”生态环境综合整治总体方案（2018～2020 年）》，深入开展洞庭湖生态环境专项整治，统筹推进“四水”联治。加强长江岸线专项整治、实施生态修复和环境保护工程、持续推进农村环境综合治理、加强大气和土壤污染治理，污染防治攻坚战在三湘大地全面打响。“山水林田湖”的系统治理，使得湖南全省生态环境质量稳步提升、

"一湖四水"水质持续好转，有力守护了"一片蓝天""一方净土"和"一江碧水"，但湖南作为人口大省、发展大省，正处于工业化城镇化加速推进阶段，面临加快发展和环境治理的双重任务，生态文明建设压力巨大。同时，省内尤其是湘江流域上游工矿企业密布，产业结构不够合理，企业和人口密集分布于河湖周边，生态环境形势不容乐观，这就需要切实增强抓好生态文明建设的紧迫感和责任感，牢固树立"绿水青山就是金山银山"的理念，以抓绿色发展引领经济高质量发展，努力走出一条具有湖南特色的生态文明新路子。

加快推进湖南生态文明建设，是深入贯彻落实党的十九大和习近平生态文明思想精神，建设美丽新中国，实现中华民族永续发展的应有之义；是落实习近平总书记对长江经济带"共抓大保护、不搞大开发"和"守护好一江碧水"的要求，将长江经济带打造成为生态文明建设先行示范带的重要组成内容；是"真正把湖南生态系统的一山一水、一草一木保护好"，还人民群众一片蓝天、一池碧水、一方净土，守护好"绿水青山"的根本路径；是加快产业转型升级和绿色发展、创新发展，破解经济发展与环境保护内在矛盾，实现经济高质量发展的重要推动力。要坚持以习近平生态文明思想为指导，深入贯彻落实新发展理念，凝心聚力、务实进取，答好生态文明建设和环境保护这一历史性答卷，奋力开创新时代湖南生态文明建设新局面。湖南生态文明建设走过了不平凡的历程，取得了不平凡的成绩，昭示着不平凡的前景，因此有必要对党的十八大以来湖南省推进生态文明发展的理论成果、制度建设、实践经验、典型模式等进行研究、梳理和总结，并提出新时期加快发展生态文明，建设美丽新湖南的思路、路径和对策，将湖南生态文明建设的理论和实践推得更远、更深。

二　本书的思路与框架

本书坚持理论与实践相结合的原则，从省、市、县等多级角度和综合研究、专题研究、案例研究多种形式展开研究与分析。首先，研究梳理了党的十八大以来国家和湖南省推进生态文明建设的相关理论成果；其次，研究并分析了十八大以来国家和湖南推进生态文明建设的基本历程、主要成效以及进一步推进湖南生态文明建设的思路与对策；再次，分别对湖南生态文明建设的两个专题，即湘江流域水环境治理的问题、思路、对策和湖南高新技术产业现状、布局以及下一步推进的思路进行了研究；最后，分别对湖南生态文明建设的四个典型案例，即永州市“双河长制”生态治理共建共治共享创新、岳阳市湘阴县以科技创新推动产业绿色转型发展、郴州市资兴市水环境保护与经济绿色发展、湘潭市湘乡市水府庙水库跨地区流

域生态综合治理改革创新进行了研究。两个专题和四个典型案例从不同区域、不同内容、不同角度对湖南生态文明建设的现状、成效与问题、推进思路与对策等进行了全方位研究、总结和分析。

（一）十八大以来生态文明建设相关理论

对十八大以来国家和湖南省理论界关于生态文明建设的相关研究成果进行了梳理总结。其中，国家层面的研究成果主要集中于制度建设、经验和模式总结、思路对策等方面，以湖南为研究对象的相关理论成果涵盖了七个方面的基本内容，分别是水污染治理与水生态保护、土地污染治理与修复、产业转型与绿色发展、重要生态功能区保护、“两型社会”建设、环境综合治理和生态文明制度建设。

（二）十八大以来生态文明建设基本历程与主要成效

对十八大以来国家和湖南省推进生态文明建设的实践探索进行了研究分析，包括四个方面的基本内容：一是总结并归纳了十八大以来我国生态文明建设的基本历程与主要成就；二是梳理并总结了十八大以来湖南生态文明建设的主要历程与发展成效；三是分析并归纳了湖南生态文明建设的基本经验；四是提出湖南生态文明建设进一步推进和深化的思路与对策。

（三）湘江流域水环境问题、治理思路与对策

对湘江流域水环境问题、治理思路和原则、治理路径与对策进行了研究，包括四个方面的内容：一是湘江流域水环境存在的主要问题；二是湘江流域水环境治理的基本思路；三是湘江流域水环境治理的主要路径；四是湘江流域水环境治理的保障措施。

（四）湖南高新技术产业现状、布局与发展思路

对湖南高新技术产业的现状、布局和进一步发展的思路与对策进行了研究分析，包括四个方面的内容：一是湖南高新技术产业发展成就与不足；二是湖南高新技术产业布局情况；三是湖南高新技术产业进一步发展的思路；四是湖南高新技术产业发展的对策保障。

（五）“双河长制”生态治理共建共治共享的“永州模式”

以永州市为例，对“官方河长”+“民间河长”的“双河长制”创新共建共治共享的生态治理模式进行了研究，包括四个方面的主要内容：一是永州市“双河长制”的发展现状；二是永州市“双河长制”的运行体系；三是永州市“双河长制”的成功经验；四是永州市“双河长制”的经验启示。

（六）科技创新助推产业绿色转型发展的“湘阴模式”

以岳阳市湘阴县为例，对湘阴县以科技创新推动产业绿色转型发展进行了研究，包括五个方面的内容：一是湘阴县科技创新与产业绿色发展现状；二是湘阴县以科技创新推动产业绿色发展的目标定位；三是湘阴县以科技创新推动产业绿色发展的主要任务；四是湘阴县以科技创新推动产业绿色发展的重点工程；五是湘阴县以科技创新推动产业绿色转型发展的组织管理与运行保障。

（七）水环境保护与绿色发展的“资兴模式”

以郴州市资兴市为例，对资兴市水环境保护与经济绿色发展进行了研究，包括四个方面的主要内容：一是资兴市水环境现状分析；二是资兴市水环境保护与经济绿色发展的思路和定位；三是资兴市水环境保护与经济绿色发展的主要行动；四是资兴市水环境保护与经济绿色发展的组织管理与运行机制。

（八）跨地区流域生态综合治理改革创新的“水府庙模式”

以湘潭市湘乡市水府庙水库为例，对水库跨地区流域生态综合治理改革创新进行了研究，包括四个方面的主要

内容：一是水府庙水库流域生态现状；二是水府庙水库流域生态综合治理改革创新的主要做法；三是水府庙水库流域生态综合治理改革创新的主要成效；四是水府庙水库流域生态综合治理改革创新的基本经验。

第一章

十八大以来生态文明建设相关理论

党的十八大召开以后，以习近平同志为核心的党中央以高度的历史使命感和责任担当，坚持绿色发展，着力推进生态文明建设的理论、实践和制度创新，党中央不仅提出绿色发展的新理念，而且做出一系列顶层设计、决策部署和制度安排。与此同时，国内理论界和学术界在习近平新时代生态文明思想指导下，针对我国生态文明建设的各个领域展开了全方位研究与探索，形成了一大批具有中国特色的、对实践有指导意义的生态文明研究成果，这些理论成果与实践经验一起，对我国生态文明建设向更高更深层面推进有着重要的意义和价值。

一　十八大以来中国生态文明建设相关理论

党的十八大以来，习近平总书记围绕生态文明建设发表了一系列重要讲话，形成了其生态文明建设思想，这一思想成为当前学界研究的热点问题。在这一思想指引下，生态文明的制度和政策体系、生态文明评价比较、生态文明建设对策与保障、生态文明建设中的多主体参与等问题逐渐成为学术界研究的重点，其中以生态文明制度建设研究成果最为丰富。

（一）习近平新时代生态文明思想

学界对于习近平生态文明思想的研究集中在生态文明新的内涵特点、时代背景、理论溯源、理论内容、理论与现实意义、生态文明教育、价值取向、建设路径等方面。刘於清认为，习近平生态文明思想是在对中国共产党和中国人民政府生态文明建设进一步深入认识和创新发展的基础上，形成的新时代最新生态理论成果。① 徐必久认为，新时代习近平生态文明思想集中体现为“八个坚持”。生

① 刘於清：《党的十八大以来习近平同志生态文明思想研究综述》，《毛泽东思想研究》2016 年第 3 期。

态环境部部长李干杰在2018年全国生态环境宣传工作会议上指出，习近平生态文明思想集中体现为“八个观”[①]，构成了以绿色为基调和导向的生态理念和文明发展观，集中体现了中国共产党以人为本的执政理念。许海东指出，习近平新时代生态文明思想的内涵要旨主要包括和谐共生的生态自然观、利国惠民的生态民本观、生态环保的绿色发展观，以及科学系统的生态治理观等。[②] 习近平生态文明思想是高度关注生态、凝结实践经验的新时代生态理论，是与时俱进、统筹规划做出的具有国际效应和全局性的战略抉择，指明了推进中国社会主义生态文明建设的方向，提供了建设美丽中国和实现世界可持续发展的行动指南和根本依据。

（二）生态文明制度建设

用制度保护生态环境是生态文明建设的根本之策，也是我国生态文明制度建设内容的核心要义。随着我国的资源环境压力逐渐加大，构建科学有效的生态文明制度体系，不仅可以解决重大资源环境问题，而且也会对全球可

---

① 李干杰：《大力宣传习近平生态文明思想 推动全民共同参与建设美丽中国》，《社会治理》2018年第6期。

② 许海东：《习近平新时代生态文明思想的内涵要旨及其时代指向》，《广西民族大学学报》（哲学社会科学版）2018年第5期。

持续发展进程产生影响。[①] 我国生态环境保护中的突出问题，很大程度上与体制不健全有关，为生态文明建设提供可靠保障，最根本的就是要加强生态文明制度、体制和法治建设，实行最严格的制度、最严密的法治。[②] 建设美丽中国，要建立节约资源、保护自然和生态环境，同时又要促进经济社会发展的生态文明制度。顾钰民认为，保护自然和生态环境是一个社会问题，需要从全社会的视角对涉及宏观领域的资源、环境、生态等问题，以立法和建立规章制度的形式，通过带有强制性的法律法规和规章制度来规范整个社会的行为。[③] 黄蓉生认为，系统完整的生态文明制度体系应包括建立生态文明源头保护制度、生态文明损害赔偿制度和生态文明责任追究制度以及生态环境治理与生态修复制度等。[④] 党和国家需要从政府的生态行政制度、生态文明产权制度、生态文明监管制度和生态文明参与制度进行生态文明制度建设。各级政府、企业和社会组织、个人三位一体的社会生态实践选择是生态文明制度建设的重要保障。

① 王毅、苏利阳：《解决环境问题亟需创建生态文明制度体系》，《环境保护》2014 年第 6 期。

② 卢维良、杨霞霞：《改革开放以来中国共产党人生态文明制度建设思想及当代价值探析》，《毛泽东思想研究》2015 年第 3 期。

③ 顾钰民：《论生态文明制度建设》，《福建论坛》（人文社会科学版）2013 年第 6 期。

④ 黄蓉生：《我国生态文明制度体系论析》，《改革》2015 年第 1 期。

（三）生态文明评价与比较

纵观已有研究，关于生态文明评价的研究主要集中在评价范围、评价指标及其权重、评价方法、评价标准、评价结果五个方面。关琰珠最早选取涵盖可持续发展度、环境状况、生态平衡、文明程度等四个方面 16 项指标对厦门市生态文明进行了评价。① 此后，学者们对生态文明的评价研究与日俱增。生态文明测度评价首先要明确评价主体、范围、对象等，从现有研究看，基本涵盖了国家、省域、市域、县域、示范区、国家重点生态功能区、生态文明建设示范区、工矿企业、农业、林业、水域、草原、农村等。② 其中，针对宏观、中观层面，如国家、省域、地级市、区域等生态文明的研究较深入，而针对微观层面，如县市、乡村、社区等生态文明的评价研究较薄弱，文献也较少。在评价指标体系和评价方法方面，联合国、OECD、国家和地方政府都形成了一套较为科学，与研究对象结合程度较好的指标体系，并采用随机回归算法、投影寻踪法、属性分析叠加 AHP 分析法、AD - AS 模型等方法进行评价与比较。

① 关琰珠、郑建华、庄世坚：《生态文明指标体系研究》，《中国发展》2007 年第 2 期。

② 严也舟、成金华：《生态文明建设评价方法的科学性探析》，《经济纵横》2013 年第 8 期。

（四）生态文明建设对策与保障

制定系统、完备的具有政治、经济、社会管理导向作用的政策是生态文明建设的重要保障。秦书生认为，把生态文明建设融入政治建设要完善生态文明建设中的法律保障体系、生态保护制度，形成正确的政治导向，使党的生态文明建设战略思想成为全党、全社会的自觉行动。① 姜帅认为，我国生态文明建设的根本是制度体系问题，要深化政治体制改革，对行政、法规、机制等政治体制进行完善，从而提高政治与生态的契合度，加强生态文明的政治制度建设。② 余谋昌提出，将生态文明观念融入和贯穿社会主义制度建设，将权力关进制度的笼子里，加强生态文明政治制度建设。③ 我国的生态文明建设经济政策集中体现在财政政策和税收政策两方面。苏明指出，要通过建立和完善财政支持生态环境投入的新机制、推进税收制度创新和税收政策完善、构建政府间生态转移支付制度，来应对我国当前日益严峻的生态环境问题。④ 蒋金法提出，要

---

① 秦书生：《改革开放以来中国共产党生态文明建设思想的历史演进》，《中共中央党校学报》2018 年第 2 期。

② 姜帅：《制度体系建设是生态文明建设的根本保障》，《人民论坛》2014 年第 29 期。

③ 余谋昌：《创造生态文明的新的制度模式》，《林业经济》2014 年第 6 期。

④ 苏明：《我国生态文明建设与财政政策选择》，《经济研究参考》2014 年第 61 期。

通过积极推进环境保护税立法与征收、全面深化资源税改革、强化消费税的环保功能以及进一步完善税收优惠政策，不断推进生态向更好的方向发展。

（五）生态文明建设中的多主体参与

公众参与生态文明建设既是责任也是义务，有效的公众参与需要有相应的机制与制度保障。国内对生态文明建设公众参与的研究大致经历了两个阶段。第一阶段，将公众参与作为一种管理原则引入到环境学领域，着重论证了公众参与所具有的民主功能和监督功能，目的在于引起环境领域对公众参与的关注。第二阶段，《环境影响评价公众参与暂行办法》明确了公众参与环评工作的细节内容，学术界的研究也开始涉及公众参与渠道分析、公众参与现状的实证调查分析、社会公众参与等多方面、多领域的内容，形成系列研究成果。王芳等认为，公众参与生态治理是马克思主义群众观的内在要求，马克思主义群众观蕴含的实践主体观、认识主体观与价值主体观方面与生态治理内在价值高度契合。[①] 邓翠华分析了建立健全生态文明公众参与制度的必要性。[②] 邵子萌分析了生态文明建设中建

① 王芳、李宁：《基于马克思主义群众观的生态治理公众参与研究》，《生态经济》2018 年第 7 期。

② 邓翠华：《关于生态文明公众参与制度的思考》，《毛泽东邓小平理论研究》2013 年第 10 期。

立公众参与机制的必要性和当前公众参与机制建设现状，从法规政策、机制体系、政府引导和公众参与意识培养等方面提出了生态文明建设公众参与机制构建策略。施生旭等提出加强生态文明环境宣传教育，培养生态公民；创新参与方式，拓宽公众参与渠道；健全生态环境信息公开制度，提高信息透明度；完善公众环境公益诉讼权，提高公众参与的合法性等对策建议。①

二 十八大以来湖南生态文明建设相关理论

自党的十八大提出生态文明建设的政策方案和制度体系后，湖南学术界聚焦绿色发展和生态文明建设，针对湘江和洞庭湖水污染、“两型社会”建设等展开了全方位和多领域研究，产生了诸多优秀成果。相关的研究涵盖了水污染治理与水生态保护、重金属和固废污染土地治理与修复、产业和园区绿色转型、重要生态功能区保护、环境综合治理等方面。

（一）水污染治理与水生态保护

湖南水污染治理与水生态保护研究的重点在湘江流

① 施生旭、陈爱丽：《我国生态文明建设中的公众参与问题研究》，《林业经济》2016 年第 3 期。

域、洞庭湖流域、城市黑臭水体的治理以及农村养殖和生活污水治理等方面，在相关的研究中，针对湘江和洞庭湖“一江一湖”水污染防治的成果最多。其中，湘江流域以重金属污染问题最为突出。20 世纪 80 年代初，国家和湖南即开始治理湘江重金属污染，2008 年实施湘江流域水污染综合整治方案，2013 年开展湘江保护与治理“一号重点工程”，都把防治重金属污染作为重要内容。相关的研究主要有：一是水污染防治路径与对策。20 世纪 80 ~ 90 年代，针对湘江重金属污染治理与监测的研究成果丰硕，但多集中于重金属含量检测、湘江水生生物重金属富集情况以及重金属污染的影响等方面。进入 21 世纪后，流域水污染的综合防治问题成为研究重点，且多从政策、体制机制、多主体协同等方面展开分析。曾献超等回顾了 2002 ~ 2012 年十年间湘江流域水污染治理的基本历程，总结了湖南省在防治政策、资金投入等方面的工作，并提出要在产业结构优化、治理机制建设等方面继续发力。[①] 龚小波对湘江重金属污染综合治理市级政府协作机制进行了研究。李超显等以湘江流域为对象构建了流域重金属污染治理“六元一轴”政策网络与政策工具选择的整体性

① 曾献超、匡跃辉：《打造“东方莱茵河”——湘江水污染治理十年回顾与展望》，《湖南行政学院学报》2013 年第 2 期。

分析框架。[1] 曾献超等提出湘江水污染防治技术创新的三个维度，即自主创新、制度创新和文化创新，要集合三方力量合力推进湘江水污染治理。[2] 帅琨以株洲和衡阳为例，对湘江水污染治理中的地方保护主义进行了研究。[3] 二是水污染环境和经济性影响分析。针对水污染的影响多从环境、经济、税收等方面进行研究分析。张小红以湘江水污染治理为例，基于选择实验法对污染治理支付意愿进行了分析。[4] 陈雯等借鉴国外水污染税开征经验，系统设计了湖南省水污染税征收的基本框架，运用可计算一般均衡模型模拟征收水污染税对宏观经济、产业结构、污染物减排等产生的影响。刘叶叶等对湘江流域水污染的经济损失进行了估算。[5] 秦迪岚等构建了基于基尼系数的水污染负荷公平分配评价体系，并结合 GIS 技术分析了洞庭湖区不公平因子分布的空间差异性，制定了洞庭湖区基于公平

① 李超显、黄健柏：《流域重金属污染治理政策工具选择的政策网络分析：以湘江流域为例》，《湘潭大学学报》（哲学社会科学版）2017 年第 6 期。

② 曾献超、匡跃辉：《打造“东方莱茵河”——湘江水污染防治技术创新的三个维度》，《沿海企业与科技》2012 年第 2 期。

③ 帅琨：《湘江水污染治理中的地方保护主义研究——以株洲和衡阳为例》，湖南师范大学硕士学位论文，2011。

④ 张小红：《基于选择实验法的支付意愿研究——以湘江水污染治理为例》，《资源开发与市场》2012 年第 7 期。

⑤ 刘叶叶、毛德华、杨家亮、杨湛：《湘江流域水质特征及水污染经济损失估算》，《中国环境科学》2019 年第 4 期。

性的水污染物总量分配方案。[①] 胡爱萍总结了国外水污染防治环境税收政策的经验，提出了构建湘江水污染防治环境税收政策借鉴。[②] 三是水污染评价分析。针对水污染的评价研究成果多集中于特定要素、特定区域以及对环境、经济的损害评价。李志良等研究了重金属在湘江 7 个江段的铜锈环棱螺器官的积累和分布特征，用金属污染指数评价了重金属生态风险。谭湘武采用氢化物原子荧光法测定湖南某地区 2014 ~ 2015 年井水中重金属锑，并运用重金属单因子污染指数法评价了其污染状况。郭晶等选取 8 个水质指标进行因子特征分析，并采用单因子评价法、综合污染指数法和主成分分析法对洞庭湖水质进行了综合评价。[③] 四是河长制和湖长制。学界普遍认为河湖长制可以破解当前水环境治理的“九龙治水”和“碎片化”困境，有的从流域治理跨部门协同视角对河长制的实践样本展开研究；有的对地方政府和典型流域河湖长制的实践进行经验总结，如赵丽子等以 L 区河长制为例，剖析了湖南省农村中小河流在全面推行河长制过程中面临的问题，提出加强完善河长制管理顶层设计、完善农村中

---

① 秦迪岚、韦安磊等：《基于环境基尼系数的洞庭湖区水污染总量分配》，《环境科学研究》2013 年第 1 期。

② 胡爱萍：《构建湘江水污染防治环境税收政策的国际经验与借鉴》，《商业会计》2014 年第 2 期。

③ 郭晶、王丑明等：《洞庭湖水污染特征及水质评价》，《环境化学》2019 年第 1 期。

小河流流域监测体系、健全河长制管理综合评估体系等建议①；有的学者从制度经济学视角对河湖长制进行透视，围绕河湖长制的制度形态与创新进行了研究。但是部分学者认为，河湖长制是有效而非长效的制度设置，水环境治理需要构建一个多元主体协同的治理体系。政府在河湖长制制度下仍然存在着合法性和有效性的局限，需要将"责任发包"变为"责任链"，强化制度供给，优化政策工具组合。

（二）土地污染治理与修复

湖南土地污染与治理的相关研究主要集中于土地污染的监测分析、土地污染的现状评价、污染土地的治理与修复等方面，其中污染土地的预防和治理是研究重点。相关的研究主要有：一是重金属和固废污染土地治理修复。污染土地的治理和修复问题研究多从技术、政策、案例等方面展开。周俊驰等运用 GS + GIS 技术，对株洲市茶陵县耕地土壤中的重金属含量进行了条件概率空间分部特征研究。② 隋易橦等基于长株潭重金属污染耕地修复综合治理

① 赵丽子、石林等：《对强化湖南农村中小河流河长制工作的思考》，《中国水利》2019 年第 14 期。

② 周俊驰、刘孝利等：《湖南典型矿区耕地土壤重金属空间特征研究》，《地理空间信息》2018 年第 8 期。

试点对耕地重金属污染治理的法律对策展开了研究。[①] 刘畅以长沙湘和化工厂土壤污染事件为例，基于多元共治视角对环境非政府组织的行动逻辑进行了分析。孙春美对湖南某化工厂遗址重金属污染特征与电动修复实验进行了研究。张晓文以湖南某工业区为对象，对工业区土壤固体废物污染情况进行解析，并提出治理修复对策。[②] 二是土地污染监测检测。相关的研究成果多集中于对特定区域、特定行业和产业、特定种类的污染物含量监测分析。韩晓磊等对湖南地区蚕桑产品的重金属污染进行了监测，对污染风险进行了研究。[③] 许云海等对湖南某铅锌锰冶炼区总悬浮颗粒物重金属来源进行了检测，对健康风险进行了评价。三是土地污染现状评价。湖南由于工矿企业较多、重金属污染问题较为突出、部分区域土地污染问题较为严重，因此对于重金属污染评价、特定区域土地污染现状分析的研究成果颇多。朱岗辉等对湘潭金石锰矿周边土壤污染特征和生态风险进行了评价。肖文舟等对湖南郴州地区

① 隋易橦、王育才：《耕地重金属污染治理社会化法律对策研究——基于湖南省长株潭重金属污染耕地修复综合治理试点分析》，《法制与社会》2018 年第 5 期。

② 张晓文：《湖南某工业区土壤及水稻重金属污染源解析》，中国农业科学院硕士学位论文，2019。

③ 韩晓磊、刘阳、肖珂等：《湖南地区蚕桑产品重金属污染监测及风险研究》，《南方农业》2018 年第 25 期。

矿山地质环境质量做了综合评价。何甜等[①]利用 Arc - GIS 空间分析软件对各类型污染进行空间识别和分布模拟，探究长株潭城市群污染空间分布特征。

（三）产业和园区绿色转型

产业绿色转型发展是在生态环境容量和资源承载力约束条件下，将生态环境保护作为实现可持续发展重要支柱的新兴产业发展模式，最核心的问题是资源和生态的可持续性，其中区域、行业和园区的产业绿色转型发展是研究重点。相关的研究主要有：一是区域产业转型升级。刘茂松在供给侧结构性改革视角下，提出了湖南绿色产业体系构建的思路、路径和对策。常耀中对湖南湘江新区产业转型升级促进政策进行了研究。[②] 姜子昂等论述了湘江流域产业绿色发展的支持政策和建设策略。王青松等在“四化两型”背景下，对湖南武陵山地区产业转型战略进行了研究，指出了“四化两型”给湖南武陵山地区产业转型带来的机遇。[③] 袁怀宇等利用绿色经济四面体模型构建了湖南绿色产业发展评价体系，采用 AHP - 熵权法赋权

---

① 何甜、帅红、朱翔：《长株潭城市群污染空间识别与污染分布研究》，《地理科学》2016 年第 7 期。

② 常耀中：《湖南湘江新区产业转型升级促进政策研究——交易成本视角》，《经济研究导刊》2016 年第 19 期。

③ 王青松、宁雅婧：《“四化两型”下湖南武陵山区产业转型战略研究》，《农业经济与科技》2018 年第 11 期。

结合加权平均法对湖南各市州2010~2017年绿色经济发展水平进行了测度。二是行业和园区绿色转型。刘寒等在绿色经济视角下对湖南农业产业集群发展模式进行了研究，并提出了产业集群绿色发展的若干路径。金程、沈情等对湖南有色金属行业转型升级进行了研究。[①] 王周火以湖南园区产业转型升级为研究对象，从品牌战略视角分析品牌战略驱动湖南园区产业转型升级效应，并对湖南园区产业转型升级品牌建设的问题进行分析，提出了湖南园区产业转型升级品牌建设相关策略。[②] 三是资源型城市产业转型。陈耀龙以湖南桂阳县为例，对资源型县域产业转型发展进行了深入研究。赵晟洪以湖南郴州市为例，基于产业融合视角对传统工矿城镇转型发展进行了研究，对比分析了产业融合视角下传统工矿城镇的不同发展路径。[③]

（四）重要生态功能区保护

针对重要生态功能区的研究涵盖了重要湿地、自然保护区、风景名胜区的保护与修复、生物种群分析、环境影响分析等领域，其中以洞庭湖区与湿地、国家级自然保护

---

① 金程：《湖南有色金属产业转型升级研究》，湖南师范大学硕士学位论文，2015。

② 王周火：《品牌战略视角下湖南园区产业转型升级研究》，《邵阳学院学报》（社会科学版）2017年第5期。

③ 赵晟洪：《产业融合视角下传统工矿城镇转型发展探究——基于湖南郴州典型案例分析》，《时代金融》2018年第12期。

区等研究成果最多。一是重要生态功能区保护与修复。这一领域以洞庭湖湿地为研究对象的成果居多，吴剑在“绿色湖南”建设背景下，对洞庭湖湿地保护立法问题进行了研究。① 雷光春认为要在洞庭湖湿地保护修复的基础上，构建多方参与的湿地保护修复生态补偿机制，形成流域综合管理和治理的长效机制。安树青认为，当务之急是要加强洞庭湖湿地修复，全面推进湘江治理，加快推进小微湿地建设。蒋勇认为要进一步加强洞庭湖湿地生态系统的科学研究与监测，进一步建立健全流域性的湿地保护管理体系。在其他重要生态功能区的保护与修复上，彭才元对湖南茶陵东阳湖国家湿地公园规划进行了分析。② 陈燕青等对湖南衡东洣水国家湿地公园野生睡莲的生存现状进行了分析，并提出了相应的保护对策。蒋崇利对湖南九嶷山国家级自然保护区总体布局及保护管理进行了研究。田书荣等对湖南壶瓶山国家级自然保护区范围与功能区调整及其影响进行了研究。③ 二是重要生态功能区环境与经济影响分析。姚行正等在获得湖南水府庙国家湿地公园旅游景点布局与面积、大气环境、水质等方面数据的基础上，

① 吴剑：《“绿色湖南”建设背景下洞庭湖湿地保护立法问题研究》，中南林业科技大学硕士学位论文，2014。

② 彭才元：《湖南茶陵东阳湖国家湿地公园规划浅谈》，《林业与生态》2018 年第 10 期。

③ 田书荣、李子杰、康祖杰等：《湖南壶瓶山国家级自然保护区范围与功能区调整及其影响研究》，《林业资源管理》2019 年第 2 期。

对其生态旅游的水质、大气、现有固体废物处置能力和生物（鸟类）等环境容量和旅游空间容量进行了估算。[①] 刘灿灿以湖南湿地为研究对象，对湿地生态补偿立法问题进行了研究。杨柳青以湖南壶瓶山自然保护区为例，对保护区灌木植物资源进行了调查，并对灌木植物墙体绿化的应用潜力进行了分析。[②] 三是重要生态功能区生态健康评价。廖丹霞等以压力－状态－响应模型为基础，结合洞庭湖湿地的特点，建立洞庭湖湿地生态系统健康评价模型，利用 GIS 技术评价分析了洞庭湖湿地在 1987～2013 年间 6 个不同时期的生态系统健康演变情况。[③] 潘东华等利用 Mamdani FIS 模型，对东洞庭湖湿地生态系统健康水平进行了评价。[④] 王艳分等采用“压力－响应”模式，按 3 个阶段评价了洞庭湖 1991～2015 年生态风险状况，并识别了不同阶段的主要压力源、胁迫因子及受影响较大的生态系统指标与生态系统服务。

---

① 姚行正、王忠诚等：《湖南水府庙国家湿地公园生态旅游环境和空间容量分析》，《中南林业科技大学学报》2017 年第 9 期。

② 杨柳青、范艳丽、周琪瑶：《灌木植物资源调查及墙体绿化应用潜力分析——以湖南壶瓶山自然保护区为例》，《中南林业科技大学学报》2019 年第 6 期。

③ 廖丹霞、谢谦、杨波：《洞庭湖湿地生态系统健康演变的研究》，《中南林业科技大学学报》2014 年第 6 期。

④ 潘东华、贾慧聪等：《东洞庭湖湿地生态系统健康评价》，《中国农学通报》2018 年第 36 期。

（五）环境综合治理

加强当前环境综合治理需要构建以政府为主导，企业、公众、社会组织等共同参与的环境协同治理的体制机制，实现协同增效，政府在协同过程中处于核心地位。政府和政府之间、政府各部门之间、政府和社会组织之间的协作包括寻求调整方案、政策制定、资源互补和基于具体项目的合作等。相关的研究主要有：一是区域环境综合治理。吴会平等通过对湖南石漠化的现状成因和危害的分析，探讨了石漠化地区环境综合治理的方式和途径。余韵等以湖南省耒阳市为例，对南方丘陵区水土流失综合治理效益进行了评价。[①] 荣婷婷等对湖南永清环保股份有限公司的第三方环境治理机制进行了调研分析。陈娇等对湖南生态环境修复和保护困境进行了研究，并提出通过加强改革创新、战略统筹和规划引导等措施推进生态环境治理和保护。二是城乡环境综合治理。罗志勇以湖南攸县为例，对城乡环境综合治理模式进行了研究。沈弦艺等以湖南省长沙县浔龙河小镇为个案，调研发现该镇逐步形成了多元主体参与的环境卫生合作治理模式，为城乡一体化进程中

① 余韵、夏卫生：《南方丘陵区水土流失综合治理效益评价——以湖南耒阳市为例》，《湖南农业科学》2015 年第 1 期。

农村环境治理提供了可能路径。① 唐秀梅等介绍了近年来湖南省农村生活污水治理取得的成效，分析了存在的问题，提出了加强环境治理的建议。三是矿区环境综合治理。李冉对湖南矿山的环境现状做了分析，并提出通过完善矿山地质环境保护法规体系，整合矿山地质环境行政管理条例，有效运用矿山地质环境管理推进环境综合治理。② 朱林英等以湖南某煤矿为研究对象，对煤矿开采引发的地质环境特征及综合治理措施进行了分析。蒋洪亮等以某铁矿矿区为例，详细分析了矿区地质环境特征，分别从矿区地质灾害影响程度、含水层破坏程度、地形地貌景观影响程度等方面对矿区地质环境进行了详细评价。

（六）“两型社会”建设

自 2007 年长株潭城市群获批“资源节约型、环境友好型社会”综合配套改革试验区后，湖南学界对“两型社会”展开了全方位研究，形成了一系列研究成果，其中以“两型社会”建设的路径与对策，“两型社会”建设与区域经济发展，“两型社会”的模式、经验和成效等为重点。一是“两型社会”推进路径与对策。陈晓红等提

① 沈弦艺、陈胥君、戴慧敏等：《多元合作：农村环境治理的可能路径——基于长沙县浔龙河小镇的个案调研》，《中国农村卫生》2017 年第 19 期。

② 李冉：《湖南矿山环境现状分析与治理对策研究》，《世界有色金属》2016 年第 11 期。

出了聚焦“两型社会”，推动生态文明建设的路径和对策。[1] 袁岳驷指出统筹城乡发展与“两型社会”建设是衡量区域经济社会发展的两个维度，应该站在经济社会发展全局，协同推进城乡统筹发展和“两型社会”建设。[2] 蒋志光等利用湖南省湘阴县国家基本气象站近47年的气候资料分析了雾霾变化情况，并提出雾霾治理要与湘江、洞庭湖水体污染同治同行，共同推进“两型社会”建设。张群华以“两型社会”对湖南体育产业的影响和对策为研究内容。二是“两型社会”典型模式与经验。张维梅等以长株潭“两型社会”示范区为例，对地方高校与区域经济的互动模式进行了研究。杜启平以湘江新区为例，对“两型社会”建设背景下循环型服务业发展模式与对策进行了研究。[3] 姚龙等通过分析“两型社会”示范区发展现状，回顾已有的空间发展模式，并对“两型社会”示范区各模式的空间发展应对进行了再探讨。三是“两型社会”建设成效与评价。黄毅等通过查阅长沙市相关资料，应用环境经济学的原理与方法并建立模型，估算了

---

① 陈晓红、贺力平、周玉林：《聚焦“两型社会”，推动生态文明建设——中国工程院院士陈晓红教授访谈》，《社会科学家》2018年第8期。

② 袁岳驷：《协同推进统筹城乡发展与“两型社会”建设研究》，《湖南科技学院学报》2019年第1期。

③ 杜启平：《两型社会建设背景下湘江新区循环型服务业发展对策探索》，《产业与科技论坛》2017年第15期。

2008～2015年长沙市“两型社会”建设中大气污染造成的经济损失，并对大气污染造成的生态损失进行了分析。杨大庆根据郴资桂“两型社会”示范带建设规划设定的目标任务，对规划建设的中期目标进行了科学评估。① 李卫兵等基于合成控制法对“两型社会”实验的经济效应进行了分析。② 彭于彪对金融支持长株潭“两型社会”改革的成效、经验与展望进行了研究。叶婷等将“两型社会”建设分为资源节约和环境保护两个维度，探讨了“两型社会”建设对企业绿色创新绩效的影响。

（七）生态文明制度建设

生态文明体制改革与建设是全面深化改革的重要领域，应该以解决生态环境领域突出问题为导向，在生态保护修复上强化统一管理，坚决守住生态保护红线；统一政策规划标准制定，统一监测评估和监督执法；健全区域流域生态环境管理体制，整合相关部门和地方政府环境管理职责，增强区域流域环境监管和行政执法合力等。相关的研究主要有：一是生态文明建设路径与对策。刘艺容等提

① 杨大庆：《郴资桂“两型社会”示范带建设规划中期评估研究》，《湖南行政学院学报》2018年第5期。

② 李卫兵、李翠：《“两型社会”综改区能促进绿色发展吗?》，《财经研究》2018年第10期。

出了湖南农村生态文明建设的难点和对策。① 杨红芳对湖南生态文明建设的现状进行分析，进而对当前湖南生态文明建设的思路进行论述并提出建议。郑彦妮等提出湖南推进生态文明建设要以生态保护优先，践行绿色发展、循环发展、低碳发展，优化区域空间发展布局，充分调动社会公众参与生态环境保护。② 甘明辉提出了湖南水生态文明建设的路径和对策。胡可等从五大发展理念出发，提出了引领湖南水生态文明建设的启示，为科学治水管水提供了思考借鉴。二是生态文明建设模式。谢海燕等以湖南湘西自治州城乡同建同治工作经验为例，提出了城乡生态文明建设新模式。黄伟清对水生态文明建设的“郴州模式”进行了研究。陈文广结合湖南绥宁县生态文明实践，提出了从“伐木经济”到绿色发展的生态文明建设模式。匡列辉等基于乡村振兴战略对新时代湖南农村生态文明建设模式进行了分析。③ 三是生态文明建设比较评价。黄泽海基于“十二五”规划对“绿色湖南”视域下湖南各地市

① 刘艺容、蔡伟：《湖南农村生态文明建设难点及其对策》，《农村经济与科技》2013 年第 3 期。

② 郑彦妮、李鹏程：《湖南生态文明建设研究》，《湖南社会科学》2015 年第 2 期。

③ 匡列辉、张明：《基于乡村振兴战略下新时代湖南农村生态文明建设研究》，《特区经济》2018 年第 4 期。

州生态文明建设战略进行了比较研究。[①] 山红翠等以湖南郴州市为例，从水灾害防御、水资源保障、水生态保护等8个方面构建了包含26项基本指标3项特色指标的水生态文明城市评价指标体系，综合得到郴州市水生态文明城市建设指数。[②] 尹少华等通过构建生态文明评价指标体系，运用综合评价法对湖南省122个县域的生态文明建设水平进行了定量评价，将全省各县域的生态文明建设水平划分为六大类型，最后基于主体功能区视角，提出了不同类型县域生态文明建设的路径选择与政策建议。[③]

---

① 黄泽海：《绿色湖南视域下全省各地州市生态文明建设战略的比较研究——基于各地州市“十二五”规划的分析》，《现代农业》2014年第11期。

② 山红翠、盛东等：《湖南郴州市水生态文明评价指标体系构建》，《人民长江》2016年第S2期。

③ 尹少华、王金龙、张闻：《基于主体功能区的湖南生态文明建设评价与路径选择研究》，《中南林业科技大学学报》（社会科学版）2017年第5期。

第二章

十八大以来生态文明建设基本历程与主要成效

党的十八大以来，以习近平同志为核心的党中央牢固树立尊重自然、顺应自然、保护自然的生态文明理念，以着力推进供给侧结构性改革为主线，以建设高质量、现代化经济体系为目标，坚持绿色发展、低碳发展、循环发展的实践论，为富强民主文明和谐美丽的社会主义现代化强国奠定生态产业基础。以生态文明体制改革、制度建设和法治建设为生态文明提供根本保障，坚持党政同责、一岗双责利剑高悬，全面启动和完成生态环境保护督察，坚决打赢环境污染防治攻坚战，使我国环境保护和生态文明建设事业发生了历史性、根本性和长远性转变，为美丽中国建设和人民幸福美好生活奠定了坚实基础。

一　中国生态文明建设基本历程与主要成效

我国生态文明建设历经了环境保护意识的觉醒和早期探索期、生态环境保护立法期和环境法律体系架构与完善期、可持续发展理念与国际接轨期、中国特色社会主义生态文明建设理念确立期与社会主义生态文明新时期。尤其是党的十八大以后，以习近平同志为核心的党中央用最严格的制度、最严密的法律为生态文明建设提供法治保障，生态文明建设领域全面深化改革取得重大突破，顶层设计和制度体系建设加快形成，由自然资源资产产权制度、国土空间开发保护制度等八项制度构成的主体框架基本确立，生态文明领域国家治理体系和治理能力现代化水平明显提高。

（一）中国生态文明建设基本历程

一是深入学习贯彻习近平生态文明思想。作为习近平新时代中国特色社会主义思想的重要内容，习近平生态文明思想指明了生态文明建设的方向、目标、途径和原则，揭示了社会主义生态文明发展的本质规律，对建设富强美丽的中国和清洁美丽的世界具有非常重要的指导作用。党的十八大以来，我们深刻把握“绿水青山就是金山银山”

的发展理念，坚定不移走生态优先、绿色发展道路；深刻把握良好生态环境是最普惠民生福祉的宗旨精神，着力解决损害群众健康的突出环境问题；深刻把握山水林田湖草是生命共同体的系统思想，提高生态环境保护工作的科学性、有效性，在全社会牢固树立社会主义生态文明观，推动生态文明建设迈上新台阶。二是出台系列政策文件。党的十八大以来，中央经济体制和生态文明体制改革专项小组先后审议通过了《关于健全生态保护补偿机制的意见》《关于省以下环保机构监测监察执法垂直管理制度改革试点工作的指导意见》《关于构建绿色金融体系的指导意见》《生态文明建设目标评价考核办法》《关于划定并严守生态保护红线的若干意见》《自然资源统一确权登记办法（试行）》《关于健全国家自然资源资产管理体制试点方案》《关于设立统一规范的国家生态文明试验区的意见》和《生态环境损害赔偿制度改革方案》等一系列事关生态文明建设和环境保护的改革文件。三是有序推进生态文明体制机制改革。2015 年 4 月，中共中央、国务院印发了《关于加快推进生态文明建设的意见》。同年 9 月，《生态文明体制改革总体方案》公布，自然资源资产产权制度、国土空间开发保护制度等 8 项制度成为生态文明制度体系的顶层设计。2018 年 3 月，第十三届全国人民代表大会第一次会议审议通过国务院机构改革方案，在生态文明领域组建了自然资源部、生态环境部、国家林业

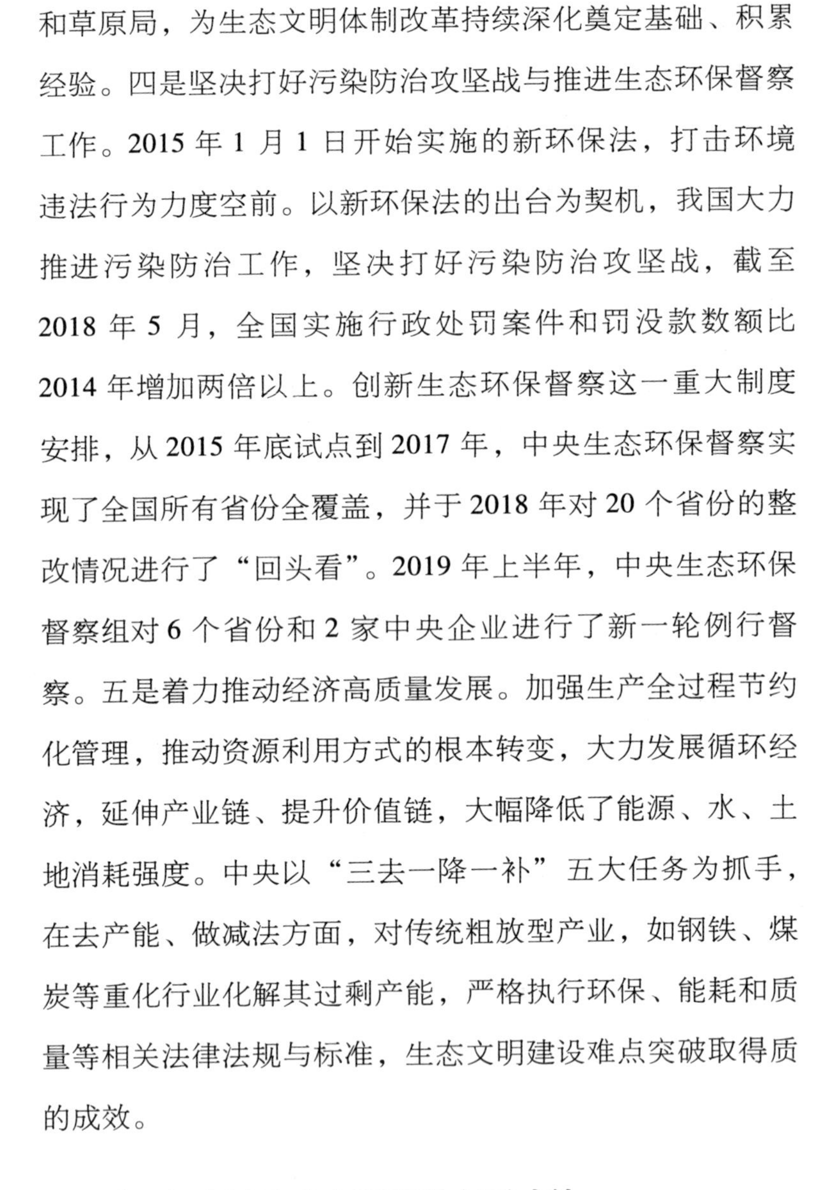
和草原局，为生态文明体制改革持续深化奠定基础、积累经验。四是坚决打好污染防治攻坚战与推进生态环保督察工作。2015 年 1 月 1 日开始实施的新环保法，打击环境违法行为力度空前。以新环保法的出台为契机，我国大力推进污染防治工作，坚决打好污染防治攻坚战，截至 2018 年 5 月，全国实施行政处罚案件和罚没款数额比 2014 年增加两倍以上。创新生态环保督察这一重大制度安排，从 2015 年底试点到 2017 年，中央生态环保督察实现了全国所有省份全覆盖，并于 2018 年对 20 个省份的整改情况进行了“回头看”。2019 年上半年，中央生态环保督察组对 6 个省份和 2 家中央企业进行了新一轮例行督察。五是着力推动经济高质量发展。加强生产全过程节约化管理，推动资源利用方式的根本转变，大力发展循环经济，延伸产业链、提升价值链，大幅降低了能源、水、土地消耗强度。中央以“三去一降一补”五大任务为抓手，在去产能、做减法方面，对传统粗放型产业，如钢铁、煤炭等重化行业化解其过剩产能，严格执行环保、能耗和质量等相关法律法规与标准，生态文明建设难点突破取得质的成效。

（二）中国生态文明建设主要成效

1. 生态环境质量显著好转

2018 年，全国 338 个地级及以上城市中，有 121 个城

市环境空气质量达标，占35.8%，比2015年提高14.2个百分点。单位GDP二氧化碳排放较2005年降低45.8%，提前完成2020年单位GDP二氧化碳排放降低40%～45%的目标。全国地表水1935个水质断面（点位）中，Ⅰ～Ⅲ类比例为71%，比2016年上升3.2个百分点。全国固体废物进口总量2263万吨，较上年减少46.5%。2019年9月，森林覆盖率由21世纪初的16.6%提高到22.96%，各类陆域自然保护地总面积占陆地国土面积的18%以上，超过世界平均水平。

2. 生态文明制度体系逐步完善

包括环境财政、环境价格、生态补偿、环境权益交易、绿色税收、绿色金融、环境市场、环境与贸易、环境资源价值核算、行业政策等内容的环境经济政策框架体系已基本建立。由自然资源资产产权制度、国土开发保护制度、空间规划体系、资源总量管理和节约制度、资源有偿使用和补偿制度、环境治理体系、环境治理和生态保护的市场体系、绩效考核和责任追究制度等八方面的制度共85项改革任务和成果，构成了源头严防、过程严管、后果严惩的生态文明制度体系。

3. 绿色产业快速发展

中国环境保护产业协会、生态环境保护部环境规划院联合发布的《中国环保产业分析报告2018》指出，2015～2018年，我国环保产业营业收入年均增速约达16%，远

高于同期国民经济的增长幅度。环保产业营业收入在GDP中的比重由2004年的0.37%增长到2017年的1.63%，对国民经济增长的直接贡献率从0.3%上升到2.4%。同时，产业结构快速优化，产业集约化发展加速，形成了一批大型骨干企业集团，数量占比11%左右的大型环保企业，其环保业务营业收入占比超过80%。环保产业技术创新能力进入国际第一方阵，2008年以来，我国环保技术相关发明专利的数量已超过日本、美国等国家，世界排名第一。

4. 生态文明法律体系逐步健全

第十三届全国人民代表大会第一次会议将以下内容明确写入了宪法，“推动物质文明、政治文明、精神文明、社会文明、生态文明协调发展，把我国建设成为富强民主文明和谐美丽的社会主义现代化强国”，为社会主义生态文明建设提供了宪法依据和保障。环境保护法、大气污染防治法、水污染防治法、环境影响评价法、核安全法、环境保护税法等法律完成制（修）订，土壤污染防治法已进入全国人大常委会立法审议程序。最高人民法院、最高人民检察院出台办理环境污染刑事案件的司法解释，各地组建环境警察队伍，环境司法保障得到切实加强。环境诉讼的司法解释和指导案例相继发布，促进了生态文明司法的专门化。

5. 生态文明制度走向世界

2013 年 2 月，联合国环境规划署第 27 次理事会通过了推广中国生态文明理念的决定草案；2016 年，联合国环境规划署发布《绿水青山就是金山银山：中国生态文明战略与行动》报告，向全世界推广了中国生态文明建设的理念和经验。我国完善“一带一路”绿色合作机制，强化“走出去”企业的环境意识，积极推进沿线国家在环保基础设施、绿色低碳技术、装备与产业等方面的合作，树立了负责任的大国形象。

二　湖南生态文明建设基本历程

2013 年 11 月，习近平总书记在湖南考察期间，叮嘱湖南要“牢固树立尊重自然、顺应自然、保护自然的生态文明理念……真正把生态系统的一山一水、一草一木保护好”。2018 年 4 月，习近平总书记在湖北、湖南考察长江经济带发展时指出，绝不容许长江生态环境在我们这一代人手上继续恶化下去，一定要给子孙后代留下一条清洁美丽的万里长江。为践行习近平生态文明思想，牢记总书记“守护好一江碧水”的殷殷嘱托，湖南省树立“生态强省”的发展目标，加快构建完善生态文明建设的政策方案和制度体系，以湘江流域治理“一号工程”为重点，坚决打好污染防治攻坚战，加快推进产业转型升级和绿色

发展以及重要生态功能区保护修复，强化环境执法监察和污染监测，生态文明建设取得了全方位和多领域的成就。

（一）生态文明制度建设

1. 出台相关政策规划方案

2014年，湖南把生态文明体制改革纳入全面深化改革总体部署，出台了《湖南省环境保护工作责任规定（试行）》和《湖南省重大环境问题（事件）责任追究办法（试行）》；制定出台了《湘江流域生态补偿（水质水量奖罚）暂行办法》和《重点生态功能区县域生态环境质量考核实施方案》，开展环境功能区划试点工作。2015年，组织开展《湖南省大气污染防治条例》《湖南省实施〈中华人民共和国固体废物污染环境防治法〉办法》修订和《湖南省环境保护条例》《湖南省土壤污染防治条例》的起草工作。2016年，印发了《湖南省〈党政领导干部生态环境损害追责办法〉实施细则》等文件，制定出台《湖南省生态环境损害赔偿制度改革试点工作实施方案》；印发《湖南省“十三五”环境保护规划》，贯彻落实“五位一体”发展理念，突出以提高环境质量为核心，系统落实生态文明体制改革要求，坚持“山水林田湖是一个生命共同体”的理念，强化生态保护与修复。2017年，制定出台了《关于大力推进绿色发展、加快建设生态强省的意见》和《湖南省生态强省建设规划纲要（2016～

2025年）》，制定了《湖南省环境保护工作责任规定》和《湖南省重大环境问题（事件）责任追究办法》，印发了《湖南省环保机构监测监察执法垂直管理制度改革实施方案》，编制《湖南省生态保护红线划定工作方案》报国家审批，制定《生态环境损害赔偿调查暂行办法（送审稿）》等5个制度，为全国改革试点工作提供有力借鉴。2018年，出台了《关于坚持生态优先绿色发展，深入实施长江经济带发展战略，大力推动湖南高质量发展的决议》，施行《湖南省饮用水水源保护条例》和《湖南省实施〈中华人民共和国固体废物污染环境防治法〉办法》，修定《湖南省环境保护条例》和《湘江保护条例》，启动制定《湖南省洞庭湖保护条例》《湖南省土壤污染防治条例》，生态文明建设的政策方案体系逐步完善。

2. 明确环境保护管理和责任主体

依据《湖南省环境保护工作责任规定（试行）》和《湖南省重大环境问题（事件）责任追究办法（试行）》，对地方各级政府和湖南省生态环境厅、湖南省发改委等部门的环境保护工作责任及问责办法做出明确规定。2014年，在湘江五大重点区域，探索建立由属地政府负主责、省政府明确一个部门为主对口指导督办、相关部门配合的多方协同管理机制。2016年，依据《湖南省〈党政领导干部生态环境损害追责办法〉实施细则》等文件，落实生态环境保护“党政同责”与“一岗双责”。全面启动生

态保护红线划定，形成了全省生态保护红线划定初步方案。2017 年，成立省生态环境保护委员会，确定工作职责和议事规则，推动建立以环境质量为核心的环境管理制度；依据《湖南省环保机构监测监察执法垂直管理制度改革实施方案》，积极推进环保垂直管理体制改革。2018 年，划定并公布生态保护红线，编制“三线一单”。发布《湖南省生态环境厅关于执行污染物特别排放限值（第一批）的公告》，在重点区域、重点行业执行污染物特别排放限值，落实环境保护“十个严禁”。进一步明确各级党委政府及有关部门责任，建立全省各级生态环境保护委员会，统筹协调突出问题整改、污染防治攻坚、环境保护督察等重点工作，全省各级生态环境保护“党政同责”“一岗双责”得到有效落实，污染防治合力进一步加强。

3. 探索建立生态文明市场化机制

2014 年印发了《湖南省主要污染物排污权有偿使用和交易管理办法》，推进排污权有偿使用和交易改革。2015 年，在湘江上游资兴、宜章、桂阳、汝城三县一市开展划定生态红线试点，建立完善环保市场机制，进一步建立完善排污权有偿使用和市场交易、企业环境行为信用评价制度、环境污染治理第三方运营等制度和机制。2016 年，依据《湖南省生态环境损害赔偿制度改革试点工作实施方案》，开展生态环境损害赔偿改革试点，继续完善湘江流域生态补偿制度和措施，并扩大到其他流域、区域

和领域。推进污染治理市场化改革，深入推进排污权交易试点，在全国走在前列。2018 年，进一步完善排污税征收政策，试行生态环境损害赔偿制度，发展排污权交易二级市场，推进环境污染责任保险工作，健全环境信用评价、信息强制性披露、环保黑名单管理等制度。

4. 建立生态环境质量评价考核制度

2016 年，依据《湖南省环境质量监测考评办法（试行)》，对各市州、县（市、区）大气、水环境质量及重大环境损害情况进行全面考评并通报，并同步实施警示、约谈、处罚、问责等，全年共计约谈 16 个市、县政府，10 个产业园区及 10 余家企业。完善环境信用体系建设，对重点监管企业实施环境信用评价并向社会公布，“以评促改”成效明显。2018 年，出台《关于全面加强生态环境保护坚决打好污染防治攻坚战的实施意见》《湖南省污染防治攻坚战三年行动计划（2018 ~ 2020 年)》《污染防治攻坚战考核暂行办法》及相关考核细则，明确污染防治攻坚任务书、路线图、时间表，全面发起污染防治攻坚战。

5. 配合开展中央环境保护督察

2016 年 4 月，配合中央环保督察组工作，湖南全面深化改革领导小组审议通过了《湖南省环境保护督察方案（试行)》；11 月，湖南省政府印发了《关于成立湖南省环境保护督察工作领导小组的通知》，确定了环境保护督察工作的组织架构。2017 年，制定了《湖南省贯彻落

实中央第六环保督察组督察反馈意见整改方案》，先后 11 次召开整改有关会议、5 次开展调研督导。省纪委、省委组织部组织全省开展“党员干部参与涉矿经营专项清理活动”，省委宣传部加强对整改宣传的协调指导，省委督查室、省政府督查室两次开展现场督查，对推进不力、进展滞后的 12 个县、区和单位领导集体约谈，同时对重点难点问题拉条挂账，省领导专题督办，洞庭湖自然保护区违规采砂、饮用水水源保护区污染等突出问题整治工作进展顺利。2018 年 6 ~ 8 月，分两批组织省级环保督察，实现市州全覆盖，督察中的经验做法得到国家督察办、华南督察局的肯定。加强环保督察问责，对移交的 15 个生态环境损害责任追究问题依规依纪依法调查处理。

（二）“三废”污染治理

1. 水污染治理与水生态修复

2013 年，湖南将湘江保护与治理确定为“一号重点工程”。2014 年，对湘江保护和治理组织专题调研，就进一步完善工作机制、强化责任落实、加大财政投入、扩大社会参与等提出重要建议。推进实施湘江保护与治理“第一个三年行动计划”，省、市、县三级联动，推出两岸工业、城镇垃圾和污水及畜禽养殖等重点治理项目 1158 个，当年完成 1143 个，项目总数及当年完成率均突破历史纪录。2016 年 3 月，正式启动洞庭湖水环境综合

治理五大专项行动，以县（市、区）政府为主体，用两年时间在环洞庭湖各县（市、区）深入开展沟渠塘坝清淤增蓄、畜禽养殖污染整治、河湖围网养殖清理、河湖沿岸垃圾清理、重点工业污染源排查整治专项行动。“十三五”期间，实施了洞庭湖水环境综合治理十大重点工程，全省实施整治项目511个（包括打捆项目，其中湘江流域290个）。2016年4月，印发了《湖南省湘江保护和治理第二个“三年行动计划”（2016～2018年）实施方案》。2017年，印发《〈湖南省贯彻落实水污染防治行动计划〉2017年度实施方案》，推进省“一号重点工程”向“一湖四水”延伸。组织千人以上饮用水源保护区划定，推进良好湖泊保护，加强不达标水体整治。2018年，湖南着力打好“碧水保卫战”，全面落实五级河（湖）长制，推进完成湘江保护与治理“一号重点工程”第二个三年行动计划，实施洞庭湖生态环境专项整治三年行动计划，加强不达标水体治理。2019年9月，省政府出台了《湖南省乡镇污水处理设施建设四年行动实施方案（2019～2022年）》，就加快乡镇污水处理设施建设铺排时间表、路线图。预计到2022年，将实现全省建制镇污水处理设施基本覆盖。

2. 空气污染治理

2014年，湖南省人大组织开展大气污染防治专项执法检查，人大常委会对省直11个重点职能部门主要负责人就大气污染防治工作进行专题询问并向社会直播。全面

实施《贯彻落实大气污染防治行动计划实施细则》和《2014 年大气污染防治实施方案》，深入推进火电、钢铁、水泥等重点领域企业脱硫脱硝设施建设；开展城市建筑和道路扬尘治理以及燃煤锅炉和餐饮油烟整治；加强机动车排气污染治理，基本完成国家下达的黄标车和老旧车淘汰任务。2015 年，实施大气污染防治行动计划，加强重点城市、工业企业、道路及建筑工地、机动车等重点领域大气污染防治，实施重点治理项目 1700 个。针对重点地区雾霾重污染天气频发的问题，省政府在全省连续开展为期两年的大气污染防治专项行动。2016 年，出台实施《湖南省大气污染防治专项行动方案（2016～2017 年）》和《湖南省大气污染防治 2016 年度实施方案》，加强火电、水泥、城市燃煤锅炉、建筑和道路扬尘等重点行业、领域污染治理，突出抓好长株潭区域联防联控及重污染天气应对。2017 年，印发《湖南省大气污染防治 2017 年度实施方案》，分类推进重点区域大气污染整治，实施重点治理项目 94 个。2018 年，为重点打赢蓝天保卫战，出台《湖南省大气污染防治特护期实施方案（2018～2020 年）》和《长株潭及传输通道城市大气污染联防联控工作方案》，加强工业、燃煤和机动车排放治理，强化特护期大气污染防治，完成火电、钢铁、有色、挥发性有机物等重污染行业大气污染物治理项目 458 个。

3. 固体废弃物污染治理

2016 年，组织编制了《湖南省土壤污染防治工作方案》和《湖南省土壤污染状况调查总体方案》《湖南省土壤污染源、污染地块调查方案》，出台了《重金属污染场地土壤修复标准》。争取国家重点支持下达土壤污染防治专项资金 5.56 亿元，启动了 21 个土壤污染治理与修复试点项目。全面启动土壤污染状况详查工作，进一步掌握全省土壤污染状况。2017 年，出台《湖南省土壤污染防治工作方案》，编制印发《湖南省土壤污染状况详查实施方案》，划定 3679 个农用地详查单元，在全国率先完成农用地土壤污染状况详查点位布设。2018 年，完成 4.2 万个农用地土壤样点的污染状况详查成果集成，启动重点行业企业用地调查，完成 426 家在产重金属企业全口径清查。出台《湖南省全面落实〈禁止洋垃圾入境推进固体废物进口管理制度改革实施方案〉2018～2020 年行动方案》。

4. 污染防治“夏季攻势”

2018 年，湖南开展污染防治的“夏季攻势”，制定实施“夏季攻势”任务清单，明确 14 位省级领导对 14 个市州整改实行分片督办，4 位省政府领导负责 9 个重点领域问题专项整改。建立并落实“一月一调度一通报，两月一督办一推进，三月一评议”工作机制。制定并发布了部分更加严格的重点行业污染物排放地方标准，确立了生

态环境保护总规矩。2019 年，继续开展“夏季攻势”，确定 10 大类重点任务，其中有 6 大类与水污染防治息息相关，2 大类紧扣大气污染防治，2 大类关乎自然保护区以及矿山、尾矿库生态环境安全。对各大类任务提出了具体问题清单，凡是通过集中攻坚可以加快完成的，必须在 9 月 30 日前完成；凡是需要持续推进的，年内必须取得阶段性成果。

（三）产业转型升级与绿色发展

1. 产业和园区绿色转型

2015 年，启动和加快推进了清水塘、锡矿山等一批老冶炼、化工基地重点企业的搬迁改造。组织开展新一轮国家循环经济示范城市及园区循环化改造、餐厨废弃物处置利用、资源综合利用“双百工程”、再制造等国家级循环经济和资源综合利用示范试点创建。推进各重大节能技改工程建设，大力发展节能服务产业，162 家节能服务公司申报成功获国家备案。2016 年，把好环评审批关，推动经济结构优化调整。严格环境准入，认真落实国家“三去一降一补”以及供给侧结构性改革相关政策，否决和指导调整选址、优化工艺及污染防治措施项目共 28 个。积极对接和服务重点项目建设，开通“绿色通道”，审批了 2016 年计划开工高速公路项目、张吉怀铁路、五强溪水电扩机等一批重点工程。2017 年，严格控制“两高一

资”和“产能过剩”项目上马，对列入省重点工程项目实行环保服务责任制。

2. 大力发展生态环保产业

2015年，推进实施“四新”计划，培育新技术、发展新产业，围绕先进装备制造、信息产业、新材料、节能环保等新兴产业，推动新技术、新产品的开发和产业化，开拓移动电子商务、租赁服务、节能环保服务、高端消费品会展、设计、制造综合产业等新业态。2015年，湖南出台《湖南省人民政府关于加快环保产业发展的意见》及实施细则，加大对环保产业的政策扶持和培育力度，环保产业产值连续几年保持25%以上的增长速度。2016年，组织开展污染治理重点技术科技攻关，推广、应用一批环保新技术、新产品。加大对环保产业的政策扶持和培育力度，涌现出了一批环保龙头骨干企业，环保产业产值继续保持20%的高速增长。印发《湖南省“十三五”环保产业发展规划》，落实环保产业发展政策，以科技创新为动力，提升固体废弃物综合利用水平，促进循环经济发展，取得环保产业发展和环境污染治理共赢。2018年环保产业快速发展，产值突破3000亿元大关。

3. 服务经济高质量发展

2018年，制定出台服务全省经济高质量发展十条措施，划定全省生态保护红线，结合长江经济带战略规划环评，推进编制湖南省生态保护红线、环境质量底线、资源

利用上线和环境准入负面清单。强化规划环评，以生态环境硬约束优化经济发展、引导产业布局、倒逼结构转型和产业升级，提前对接、主动服务“五个 100”项目，下放 9 项行政许可事项，与省“互联网 + 政务服务”一体化平台完成对接，尽量让企业少跑腿，让数据多跑路。

（四）重要生态功能区保护

湖南林业提出了“十大绿色行动”，分别是生态屏障建设行动、城乡绿化美化行动、森林湿地保护行动、林业间接减排行动、林业防灾减灾行动、千亿元产业培育行动、繁荣生态文化行动、林业科技创新行动、生态绿心提质行动、林业改革创新行动。按照《中华人民共和国自然保护区条例》《风景名胜区条例》等法律法规相关要求，省环保、发改、财政、国土资源、住建、水利、农业、林业等部门联合转发《关于进一步加强涉及自然保护区开发建设活动监督管理的通知》，坚决禁止在自然保护区的核心区和缓冲区内建设项目，严格控制风景名胜区和森林公园核心区的建设项目。组织开展对风电开发项目区域生态保护情况专项调查，加强管控。

（五）生态环境治理与修复

1. 城乡环境综合整治

2014 年，湖南省环保厅、省财政厅以“竞争立项”

的方式鼓励积极性高、决心大的地方“整县推进”农村环境综合整治，形成了县级党委政府统一领导，县、乡、村三级和各职能部门联动的长效工作模式。在2013年通过竞争立项确定在津市等10个县（市、区）的基础上，再选择18个县（市、区）开展整县整治工作（其中包括湘西自治州整州推进），覆盖8000多个行政村，同时带动了其他县（市、区）积极开展农村环境整治工作。2015年，对农村生活污水、垃圾、畜禽养殖、农业面源等污染实行综合治理。环保部、财政部将湖南列为农村环境综合整治全省域覆盖支持省，制定出台《湖南省开展农村环境综合整治全省域覆盖工作方案》，分两批启动98个县（市、区）的整治工作。2016年，新支持35个县（市、区）启动整县推进，全省有126个县（市、区）（含县级管理区）全部启动农村环境综合整治。2017年，持续推进农村环境综合整治全省域覆盖试点，完成4000个行政村的环境综合整治。结合精准扶贫，实行生态扶贫政策，抓好贫困村农村环境整治，全年向贫困地区倾斜治理资金1.1亿元。

2. 洞庭湖水环境综合整治

大力实施洞庭湖水环境综合治理规划，推动黑臭水体治理、畜禽养殖粪污处理、沟渠塘坝清淤、湿地功能修复等“四个全覆盖”，在饮用水水源地保护、污水处理、采砂等方面出台“十条禁止性措施”。在洞庭湖全部拆除矮围网围，全面清理自然保护区核心区内的欧美黑杨，全面

建设并投运园区污水集中处理设施。

3. 矿区治理与修复

下发《关于继续推进矿产资源开发整合工作的通知》，持续开展矿业秩序专项整治，以煤炭、钨、锑、铅、锌、锡等为整治重点矿种，以柿竹园、黄沙坪等100多个矿区为整治重点区域，严厉打击无证开采、乱采滥挖、非法转让、超深越界等违法行为。督促2300多个矿业权人严格履行法定义务，自筹资金28.18亿元开展了矿山环境恢复治理工作和“矿山复绿”行动。

（六）生态环境监管执法

1. 制定执法监察政策方案

2014年，湖南省环保厅下发关于开展环境污染隐患大排查的工作方案和2014年环境行政执法检查工作计划，组织全省环保系统执法人员按照“分级负责、属地为主”的原则和“有计划、全覆盖、规范化”的执法检查要求，开展为期一年的环境隐患大排查和计划执法，促进了环保部门工作重点向全面加强监管执法的转移。全省共排查出污染隐患单位6008个，建立污染隐患台账，对污染隐患和存在问题进行全面梳理，分类整改。2015年，省政府出台《关于加强环境监管执法的实施意见》《环境保护大检查工作方案》《关于清理整治环境保护违规建设项目的通知》，组织对全省各类排污单位开展环境保护大检查。

对重点违法建设项目按“严格处理一批、搬迁关闭一批、限期整改一批、备案管理一批”进行分类处理。2017 年，根据《湖南省环境保护督察方案（试行）》，相继制定出台《湖南省环境保护督察方案（试行）实施意见》《湖南省环境保护督察工作规范》，建立健全全省环境保护督察工作组织领导和联络机制，指导开展突出环境问题和环境信访问题执法监察和整改，并在益阳市启动并开展督察试点工作。

2. 建立环境监督执法制度

2014 年，将全省所有排污单位的监管在省、市、县三级环保部门进行合理分工，明确各级执法检查的层级责任、执法检查频次及程序，对全省所有排污单位实行“有计划、全覆盖、规范化”的环境执法检查，进一步规范了环保部门监管执法行为。2015 年，加强环保部门与公检法联动，严厉打击环境违法行为，印发《关于办理环境污染刑事案件的意见》，成立环保、公、检、法四部门打击环境污染违法犯罪联席会议领导小组，建立联席会议制度和案件咨询制度，省、市、县设立公安驻环保部门工作联络室，很好地形成了打击环境违法行为的高压态势。2016 年，加强与公检法联动，联合公安部门开展涉危险废物违法犯罪等专项执法行动，成功办理首例国家部委督办的“3·9”特大跨省危险废物非法处置专案，湖南首例拘留公职人员环境污染案——湘潭县上马垃圾场私设暗管偷排案（获环保部通报表彰）。2017 年，成立省检

察院驻省环保厅检察联络室，建立健全两法衔接工作长效机制，提高环境风险防范能力。妥善处置了33起与环境密切相关的突发事件，特别是调查与处置了株洲市攸县黄丰桥镇中洲村非法冶炼小作坊、吉林桥矿业有限公司“5·7”重大中毒窒息事故。

3. 加强危化品和放射性物质安全管理

组织危险废物经营企业规范化管理督查，开展全省化学品生产使用情况调查。严格办理固体废物行政许可，2016年办理危险废物跨省转移许可申请共计191批次。进一步规范和加强电磁辐射管理，部署开展全省放射源安全检查专项行动。提高核与辐射监管能力，省辐射环境监督站通过省级计量认证，全省配备了一批核与辐射应急与监测设备。实施放射性物质全过程管理，组织对省本级监管的162家核技术利用单位进行了现场监督检查。开展核安全文化宣传，积极调处辐射纠纷。

4. 开展环境执法专项行动

2018年，抓好七大标志性战役和四大专项行动，持续开展“蓝天利剑”“碧水利剑”“净土利剑”执法行动，坚持联合执法、重拳执法、规范执法，迎接了国家“清废行动”、“绿盾”、黑臭水体整治、水源地环境整治等专项督查，对188家核技术利用单位、7家垃圾焚烧发电企业、14家固体废物进口企业和长株潭地区落实大气污染防治“一法一条例”情况进行了检查。

（七）生态环境质量监测

1. 加强环境监测网络和体系建设

2014年，实施全省县级以上行政区和重点环境功能区的环境监测能力达标“三年行动计划”，14个市州政府所在城市已全部按大气环境监测新标准完成监测网络建设。2015年，实施环境监测体系建设“三年行动计划”，确定水质监测点位427个，形成省、市、县三级分级负责，覆盖各主要江河湖泊以及集中式饮用水水源地的常规监测能力。2016年，全省核定“十三五”地表水环境质量监测断面（点位）419个，核定环境空气自动监测站点180个，同时设置土壤监测点位2037个，初步建立了省、市、县三级覆盖大气、水、土壤等主要环境要素的监测网络。2017年，制定出台《湖南省生态环境监测网络建设实施方案》，推进生态环境监测网络体系建设。2018年，出台监测能力建设实施方案，完成县级空气质量监测事权上收，新增36个重金属监测断面、453家污染源监测，开展固定污染源废气与挥发性有机物监测。

2. 强化环境监测能力和队伍建设

2016年，争取中央环保专项资金总额24.43亿元，比上年增长15%，创历史新高。同时定期调度、督促加快专项资金项目实施进度，加强专项资金使用管理，确保

财政资金效益。组织开展环保队伍大规模培训，制定实施《湖南省环保系统干部（职工）大规模培训实施方案》，重点开展环评、环境监察执法、监测等骨干培训，共完成26期2530人次的培训任务。环保机构队伍建设得到进一步加强，80%以上的乡镇（街道）设立环保机构。同时，以技术比武带动业务能力提升，连续十年联合省总工会举办环境监测分析技能竞赛并给予奖励，激发了学习热情，全面提升了监测队伍业务水平。

3. 实施环境质量监测考核

2016年，湖南省环保厅印发《湖南省环境质量监测考评办法（试行）》。从2016年5月起，每月直接向市州人民政府通报环境质量情况，逐步实现环境质量通报的常态化；依据考评结果，对市州县政府分别采取专函警示、督察约谈、奖励处罚和问责等措施。

4. 推进环境监测信息化建设

2015年，全省环保系统实施“数字环保”工程，加强信息化建设。2016年，启动生态环境大数据建设，完成全省环保视频会议系统改造，开展综合办公平台建设，提升全省环保信息能力水平。加强门户网站建设管理，推进政务信息公开，全年省本级公开政务信息6368件。2018年，推进生态环境大数据建设，加快生态环境监控与应急指挥中心落地。

（八）生态文明宣传教育

开展“六五”世界环境日宣传活动，成功举办“全民搜索·环保知识达人”网络答题暨全省首届环保法律知识竞赛活动。发挥新闻媒体作用，唱响生态文明主旋律，在主流媒体开设“守护好一江碧水”专栏，对污染治理的“夏季攻势”坚持一天一报道，省级环保督察期间发布相关报道新闻3637条，环保督察“回头看”期间刊发报道新闻1000余条，《人民日报》、新华社、中央电视台同时聚焦湖南县级饮用水整治工作。承办“六五”世界环境日国家主场活动，营造“美丽中国　我是行动者”的宣传氛围，获得生态环境部高度肯定。加大落实环保“十个禁令”宣传力度，普及全民生态环境知识，环保设施向公众开放工作获全国典型发言。

三　湖南生态文明建设主要成效与不足

通过强制污染产业企业节能减排和退出，大力开展三大保卫战和专项行动，配合中央环保督察和实施省级环保督查，着力提升生态环境监测执法能力，湖南省的生态环境建设取得了辉煌成就，圆满完成了中央、省内的既定任务。但是，在处理好经济发展与生态环境保护之间的关系，探索建立生态文明的市场化机制，进一步提升生态环

境监测能力以及深化生态文明发展理念等方面，仍有进步和拓展的空间。

（一）污染防治攻坚战取得重大进展

以实施蓝天、碧水、净土三大保卫战和中央环保督察、中央巡视整改为主线，重点区域、流域、领域污染治理取得重大突破和进展。

1. 污染减排和清洁生产行动强力推进

构建属地政府负责、省直对口部门牵头、多部门配合支持的重点区域整治多方协同机制，清水塘、竹埠港、水口山、三十六湾、锡矿山五大重点区域综合整治取得重大进展，竹埠港28家污染企业全部关停退出，其他重点区域一批重大治理工程加快推进。2017年，湖南淘汰全省黄标车，推进落实排污许可证管理制度，发放火电、造纸等行业企业排污许可证491张，排名全国第三；全省170个省级工业园区有128个完成污水集中处理设施建设，长江经济带饮用水源地排查的80个问题全部整改完成。2018年，170个地级城市建城区黑臭水体整治项目完成136个，完成71.4万吨超期贮存危险废物处置，完成3000个行政村的综合环境整治。截至2018年12月30日，清水塘老工业区261家企业实现全面关停退出，成为省“一号重点工程”的标志性成果。

2. “夏季攻势”成效明显

自2017年以来，湖南省每年统一安排，省长亲自部署，向各市州下达“夏季攻势”任务清单，发出“夏季攻势”动员令。2018年“夏季攻势”10项任务里的13项分任务中，7项全部完成，其余6项基本完成，1149个具体问题整改完成1122个。完成整治131个尾矿库、150个城镇黑臭水体、1000家规模畜禽养殖场、2038家黏土制砖厂，淘汰2582辆高排放公共交通车辆，建设160个重金属污染防治项目，完成322个县级饮用水水源地环境问题整治；全面完成中共中央办公厅督查反馈问题整改，关闭拆除长江岸线岳阳段全部42个泊位、13道渡口，暂停11个泊位建设，8个规模以上排污口已全部达标排放。

3. 督察整改积极有效

从2016年开始，积极配合中央环保督察组开展督察工作，有效解决了洞庭湖非法采砂、欧美杨清理、东江饮用水水源保护区违规建设项目退出、南岳衡山采矿权清理等一批难点问题。中央生态环保督察“回头看”交办的长株潭绿心违规项目退出、云溪绿色化工产业园环境问题、衡阳大义山省级自然保护区为矿产开发让路等问题整改取得积极进展，下塞湖矮围问题得到坚决迅速整改，花垣县尾矿整改有效推进。截至2017年12月29日，中央环保督察反馈意见指出的76个问题完成整改54个，经拆分后下达到各市州和省直有关单位的176个具体问题完成

整改 140 个，省政府领导带队开展集中督察交办的 501 个问题完成整改 370 个。

4. 环境质量稳中向好

2018 年，湖南森林覆盖率达 59.82%，位居全国第六，14 个市州城市有 9 个获评“国家森林城市”。2018 年，全省 14 个市州空气环境质量优良天数比例为 86.8%，同比上升 2.2 个百分点。地表水水质总体为优，省控 345 个评价断面，优于Ⅲ类水质比例为 96.4%，国家“水十条”60 个考核断面优于Ⅲ类水质比例为 90%，其中，湘江流域Ⅰ～Ⅲ类水质断面占 98.7%，与 2012 年可比断面相比提高了 10.5 个百分点。“十二五”以来，在湘江流域先后启动实施了 750 个重金属污染治理项目，湘江干流重金属浓度明显下降，自 2012 年以来所有监测断面重金属浓度稳定达标。部署实施洞庭湖水环境污染综合治理五大专项行动、十大重点工程，洞庭湖总磷浓度持续降低，由 2015 年的 0.112 毫克/升下降为 2018 年的 0.068 毫克/升，下降 39.3%，其他因子均达到Ⅲ类标准。2019 年上半年，全省 14 个市州政府所在地城市环境空气质量优良率为 86.6%，较上年同比提高 1.7 个百分点；郴州、湘西和张家界 3 个市州政府所在城市达到了环境空气质量二级标准年均值。全省地表水水质总体为优，345 个省级及以上监测评价断面中，Ⅰ～Ⅲ类水质断面 329 个，占 95.4%；60 个“水十条”国家考核评价断面总体

水质优良率为93.3%，较上年同期增加10%，未出现劣V类水质断面，大通湖退出劣V类水体，湖南省的生态环境质量得到明显改善。

（二）生态环境保护大格局加快形成

以习近平生态文明思想为指导，进一步树立新发展理念，“绿水青山就是金山银山”的发展意识明显增强；通过制定出台系列条例标准，执行污染物排放限值，生态环境的法律标准逐步完善；出台一系列涉及生态环境治理、生态环境管理、体制机制改革的政策方案，生态文明建设的制度体系逐步健全，推进合力进一步提升。

1. 新发展理念进一步树立

湖南省委先后召开全省生态环境保护大会、省委常委会、中心组集中学习，深入学习贯彻习近平生态文明思想，湖南省委十一届五次全会审议出台《中共湖南省委关于坚持生态优先绿色发展　深入实施长江经济带发展战略　大力推动湖南高质量发展的决议》，各级党委政府进一步牢固树立新发展理念、绿色发展理念。特别是通过中央生态环保督察“回头看”和省级环保督察，各级党委政府“绿水青山就是金山银山”的发展意识得到提升，生态环境保护主体责任进一步明确和压实。

2. 法规标准进一步完善

施行《湖南省饮用水水源保护条例》和《湖南省实施〈中华人民共和国固体废物污染环境防治法〉办法》，修订《湖南省环境保护条例》《湘江保护条例》，启动制定《洞庭湖保护条例》《湖南省土壤污染防治条例》等法规。2018年，湖南省发布生态环境保护地方标准3个，截至2018年底，累计发布14个。树立生态环保总规矩，划定并公布生态保护红线，编制“三线一单”。发布《关于执行污染物特别排放限值（第一批）的公告》，在重点区域、重点行业执行污染物特别排放限值。落实环境保护“十个严禁”。

3. 体制机制进一步健全

制定湘资沅澧四水水量分配方案，开展市级政府和重点企业节能目标责任评价考核，开展省级空间规划编制研究，制定出台全民所有自然资源资产有偿出让制度方案，推进农村人居环境整治三年行动、“城市双修、农村双改”工程，实行严格的岸线保护政策，开展领导干部自然资源资产离任审计等。长株潭两型试验区第二阶段改革按进度全面完成，共完成十大项重点改革事项，在生态文明和环境保护领域，启动和推进了五大项机制体制改革。2017年，将环保执法机构纳入政府行政执法保障序列，为全国首个纳入的省份。2018年，统筹推进改革方案部署的185项任务，分解、落实十九大新明确的24项改革任务，累计完成70%。深入实施生态保护补偿，建立国

控和省控地表水环境监测评价断面生态补偿机制，推进生态环境损害赔偿制度改革试点。推动排污权交易纳入省公共资源交易平台，达成交易金额 1.64 亿元，核发排污许可证 648 张，发布 62 家环境保护黑名单企业。

4. 污染防治合力进一步提升

出台《湖南省环境保护工作责任规定》和《湖南省重大环境问题（事件）责任追究办法》，进一步明确各级党委政府及有关部门责任；建立全省各级生态环境保护委员会，统筹协调突出问题整改、污染防治攻坚、环境保护督察等重点工作，全省各级生态环境保护“党政同责”“一岗双责”得到有效落实，污染防治合力进一步加强。

（三）群众获得感满足感明显增强

始终把人民群众作为生态文明建设的出发点和落脚点，及时回应和解决群众的环境诉求，有效解决群众密切关注的生态环境问题，大力宣传习近平生态文明思想和湖南推进生态文明建设的典型人物、事迹，群众的生态文明意识明显增强。

1. 群众环境诉求得到及时回应

截至 2018 年底，中央环保督察交办的 4583 件信访件整改办结 90% 以上，中央生态环保督察“回头看”交办的 4226 件信访件整改办结，省级环保督察交办的 5715 件信访件整改办结 90.3%，解决了一批群众反映强烈的突

出问题。同时，做好群众信访和投诉举报工作，省本级累计接到信访和举报投诉案件4283起，处理率达100%，受理和督办24件，受理和督办办结率为91.7%。畅通环保12369热线、厅长信箱、信访接待、网上咨询等公众参与渠道，依法依规积极受理公众环境诉求，推进环境信息公开，定期公布空气环境质量数据。

2. 群众关心问题得到有效解决

把影响人民群众身体健康的环境问题纳入为民办实事项目，对人民群众反映强烈的身边饮水安全、餐饮油烟、建筑扬尘、噪声污染问题统筹考虑、迅速反应、优先解决。在全省组织开展饮用水水源专项执法行动，在整治好80个市级饮用水水源环境问题的基础上，进一步开展排查整治，将322个县级饮用水源地环境问题整治和150个黑臭水体整治纳入为民办实事工程，加大治理投入，强化督查考核，全面完成整治任务，保障了群众的饮水安全。

3. 群众生态文明意识明显增强

大力宣传习近平生态文明思想和“绿水青山就是金山银山”的发展理念，群众对生态文明建设、绿色发展、“两型社会”建设等的认识和理解进一步深入，涌现出了政府机构、企业、民众和社会组织推进生态文明建设的典型经验与模式，得到了主流媒体的大力宣传。2018年全年中央主流媒体刊发涉湘生态环境保护作品240余篇，在

全国处于领先地位，涌现出湖南卫视《为了后代子孙》等反映湖区环境治理的优秀新闻作品。

（四）生态环境监测和执法能力有效提升

通过建设预警分析平台和完善生态环境监测网络、体系，生态环境监测预警能力进一步提升；通过严格项目环境审批，严把环境准入关口，生态环境问题得到有效解决；通过强化环保机构从业人员能力和素质建设，执法能力得到进一步增强。

1. 环境监测预警能力进一步提升

2014 年，湖南省环保厅与省气象局合作，建立大气分析和预报预警平台，实时发布长株潭岳常张等环保重点城市监测和预报信息。2015 年，加强大气污染防治预警预报和重污染天气的应对，在全国率先通过卫星电视发布大气质量预报，制定出台了《长株潭区域大气污染防治特护期工作方案》，及时启动对重污染天气的预警和应对。全省环境监测数据质量显著提高，2018 年县级空气自动站数据有效率平均达到 90% 以上；构建资源环境承载能力监测预警机制，已形成全省 122 个县、市、区监测预警试评价初步成果；建立健全污水处理厂、尾矿库、垃圾填埋场、饮用水源地等应急预案体系，妥善处置渌江河铊浓度超标等 22 起突发环境事件；生态环境大数据建设步伐明显加快，开展全国第二次污染源普查，建立 33 万

家基本单位名录库；洞庭湖区域外源污染阻控、总磷污染成因、水生生物监测技术研究均取得较大突破。

2. 环境执法强度进一步增加

2016年，开展环保违规建设项目清理，全省通过清理并上报环保部的违规建设项目有53767个，完成整治53760个。严格落实《环境保护法》及配套办法，全省按日计罚案件18起，查封扣押案件107起，共责令关停违法企业133家，停产整治130家，移送行政拘留案件192起，案件数超过前三年总和，有力促进了环境质量的改善和环境问题的解决。2017年，全省各级环保部门移送行政拘留案件562起，移送污染环境犯罪案件73起。

3. 队伍能力建设进一步加强

在全国率先出台《关于进一步加强党的建设打造湖南生态环境保护铁军的意见》，提出打造政治强、本领高、作风硬、敢担当的湖南环保铁军30条措施，确保铁军建设有章可循，生态环境系统思想、能力、作风建设得到全面有效加强。

（五）生态文明建设的主要问题和不足

1. 经济发展与生态保护的矛盾突出

当前，湖南正处于工业化和城镇化的加速推进期，面临着外部经济不确定性增加，内部发展压力增大，生态环境约束加大的不利局面，如何切实贯彻执行习近平总书记

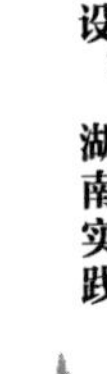

提出的“绿水青山就是金山银山”的发展理念，实现经济发展和生态保护的有机结合，是当前生态文明建设的最大难题。

2. 全省生态环境质量改善不足

特别是洞庭湖总磷超标问题短期内难以解决，截至2018年底，60个国考断面水质还有4个未达到考核标准，长株潭特护期大气环境质量形势严峻。

3. 污染防治攻坚任务艰巨

一方面，国家部署水、气、土三大保卫战及农业农村等七大标志性战役提出的约束性指标要提前实现；另一方面，全省一些重点区域、领域的环境问题仍然比较突出。

4. 生态环境监管能力较弱

各级生态环境保护综合协调机制还不健全，基层执法、应急能力不能适应任务需要，生态环境信息化水平不高。

四　湖南生态文明建设的基本经验

加强生态文明建设要始终坚持问题导向，以长株潭大气环境质量、湘江和洞庭湖水环境质量、重点工矿地区土壤环境质量等问题为重点，通过实施一批重点工程，开展一批专项整治，以项目化、清单化形式，压实各级地方政府生态环境保护主体责任和企业污染治理主体责任。做到

对生态环境保护统一规划、统一标准、统一监测、统一执法、统一督察。始终坚持推进“五个转变”：从分头管理向统一监管转变，强化生态环境部门的统一监管职责；从业务部门向综合管理部门转变，加强生态环境保护在党委、政府综合决策中的地位和作用；从注重事前审批向强化事中事后监管转变，构建源头严防、过程严管、后果严惩的全过程监管体系；从主要督企向主要督政转变，压紧压实地方党委政府生态环境保护主体责任；从依靠行政检查向综合执法转变，建立全社会齐抓共管的大环保格局。

（一）完善生态文明建设顶层设计

通过出台生态文明建设的政策方案，推进生态文明体制机制改革，落实生态文明建设的主体责任与监管责任，创新生态文明的市场化机制，建立完善顶层设计。统筹推进改革方案部署的185项任务，分解、落实十九大新明确的24项改革任务，截至2018年底，任务已累计完成70%。深入实施生态保护补偿制度，制定《湖南省环境空气质量奖惩暂行办法》，建立国控和省控地表水环境监测评价断面生态补偿机制，推进生态环境损害赔偿制度改革试点。推动排污权交易纳入省公共资源交易平台，2018年达成交易1355笔、金额1.64亿元，核发排污许可证648张，发布有62家企业的环境保护黑名单。

（二）打好蓝天、碧水、净土三大保卫战

湖南省先后出台《关于全面加强生态环境保护坚决打好污染防治攻坚战的实施意见》《污染防治攻坚战三年行动计划（2018～2020年）》《污染防治攻坚战考核暂行办法》及考核细则，明确污染防治攻坚任务书、路线图、时间表，全面发起污染防治攻坚战。重点打赢“蓝天保卫战”，加强工业、燃煤和机动车治理，强化特护期大气污染防治，完成火电、钢铁、焦化、水泥、有色、挥发性有机物等重污染行业大气污染物治理项目，完成剩余燃煤发电机组超低排放改造和新型干法水泥生产线脱硫脱硝除尘设施的提标改造，出台《湖南省大气污染防治特护期实施方案（2018～2020年）》和《长株潭及传输通道城市大气污染联防联控工作方案》。着力打好“碧水保卫战”，全面落实五级河（湖）长制，推进完成湘江保护与治理“一号重点工程”第二个三年行动计划，实施洞庭湖生态环境专项整治三年行动计划，着力加强不达标水体治理。全面打好“净土保卫战”，完成4.2万个农用地土壤样点的污染状况详查成果集成，启动重点行业企业用地调查，完成426家在产重金属企业全口径清查。出台《湖南省全面落实〈禁止洋垃圾入境推进固体废物进口管理制度改革实施方案〉2018～2020年行动方案》，累计完成71.4万吨超期贮存危险废物处置。

（三）发动污染防治“夏季攻势”攻坚战

湖南省政府连续三年召开污染防治攻坚战暨“夏季攻势”动员部署会，制定实施“夏季攻势”任务清单，突出抓好重点难点问题、群众反映问题、环境质量问题、基础设施建设问题、督察指出问题，攻坚克难。建立并落实“一日一宣传，半月一调度，一月一通报，两月一督查，三月一评议”机制，做到工作任务清单化、责任落实明确化、台账管理动态化，明确责任单位、责任人和责任要求，采取预警、挂牌督办、约谈等多项措施并强力推进，取得较好成效。

（四）强力推进中央和省级环保督察整改

2017 年 7 月，中央环保督察反馈意见以后，湖南省迅速制定整改方案并按要求公布，明确 14 位省级领导对 14 个市州整改实行分片督办，4 位省政府领导负责 9 个重点领域问题专项整改。建立并落实“一月一调度一通报，两月一督办一推进，三月一评议”工作机制，省委书记、省长先后 25 次主持会议调度部署，10 余次深入一线督办，分管省领导 75 次以专题会议、调研、暗访等形式强力推动，整改工作取得阶段成效。2018 年 6 ~ 8 月，分两批组织开展省级环保督察，实现市州全覆盖，省级环保督察交办的 5715 件信访件已办结 90.3%，督察中的经验做

法得到国家督察办、华南督察局的肯定。督察强化问题导向，以“两聚焦、一兼顾”为重点，即聚焦中央环保督察反馈问题整改，聚焦中央环保督察交办信访件办理，兼顾污染防治攻坚战和夏季攻势推进。

（五）服务经济高质量发展

湖南省生态环境厅制定出台服务全省经济高质量发展十条措施。划定湖南生态保护红线，结合长江经济带战略规划环评，推进编制湖南省生态保护红线、环境质量底线、资源利用上线和环境准入负面清单。制定发布了部分更加严格的重点行业污染物排放地方标准，确立了全省生态环境保护总规矩。进一步完善排污税征收政策，试行生态环境损害赔偿制度，发展排污权交易二级市场，开展环境污染责任保险，健全环境信用评价、信息强制性披露、环保黑名单管理等制度。强化规划环评，以生态环境硬约束优化经济发展、引导产业布局、倒逼结构转型和产业升级。与省“互联网＋政务服务”一体化平台完成对接，尽量让企业少跑腿，让数据多跑路。制定并下发防止中央环保督察整改“一刀切”的意见。

（六）加强环境监测监管执法

抓好七大标志性战役和四大专项行动，持续开展“蓝天利剑”“碧水利剑”“净土利剑”专项执法行动，

坚持联合执法、重拳执法、规范执法，迎接了国家“清废行动”、“绿盾”、黑臭水体整治、水源地环境整治等专项督查。2018年对188家核技术利用单位、7家垃圾焚烧发电、14家固体废物进口企业和长株潭地区落实大气污染防治“一法一条例”情况进行了检查。出台监测能力建设实施方案，完成县级空气质量监测事权上收，新增36个重金属监测断面、453家污染源监测，开展固定污染源废气与挥发性有机物监测。基本完成核与辐射实验室改造，辐射监测能力建设通过国家实地评估。推进生态环境大数据建设，加快生态环境监控与应急指挥中心落地。完成国家第二次污染源普查清查建库与入户调查工作。在系统内部把机构、人员和能力建设往重点工作聚合，通过合署办公、综合协调、人尽其才推动生态文明建设各项工作。

五 湖南生态文明建设进一步推进的思路与对策

推动生态环境工作重大改革和转型，初步确立并行使好统一监督管理职责，构建生态环境保护工作大格局；打好污染防治攻坚战，力争取得突破性进展并基本实现攻坚目标；服务和促进经济高质量发展，在促进经济结构调整和产业结构优化上有作为；全面完成中央生态环保督察反

馈问题及“回头看”交办问题整改，向党中央和湖南人民群众交上一份满意答卷。

（一）深入学习贯彻习近平生态文明思想

把学习贯彻习近平生态文明思想和全国、全省生态环境保护大会精神作为一项重要政治任务首位抓、持续抓，常抓不懈。全面加强党对生态环境保护工作的领导，持续开展多项业务比武和竞赛，启动“三个一百人才工程计划”，建立奖励激励与容错纠错机制，在全系统形成争当环保铁军的浓厚氛围。通过宣传标语、展板、微信公众号等多种形式，深入宣传习近平生态文明思想和“绿水青山就是金山银山”的发展理念，加快生活垃圾分类由长沙向各地市州推广，切实形成公众爱护生态、珍惜生态的良好氛围。

（二）继续打好污染防治攻坚战

按照既定部署，继续推进蓝天、碧水、净土三大保卫战和农业农村七大标志性战役，继续发起污染防治攻坚战“夏季攻势”。继续推进污染企业节能减排和清洁生产行动，严格关停并转生态环保不合格的地方企业；继续严把项目环境准入标准，对于没有达到生态环境标准的在建项目，一律予以停止，产业转移项目一律不予承接；继续做好以湘江流域为重点的重金属污染防治工作。以打好三大

保卫战、七大标志性战役以及中央生态环保督察整改和群众反映强烈的污染问题为重点，持续开展“蓝天利剑”“碧水利剑”“净土利剑”执法行动；制定出台环境事件调查办法，加强环境风险防范。

（三）推进中央环境督察及“回头看”反馈问题整改

在持续推进中央环保督察反馈问题整改的同时，着力抓好中央生态环保督察“回头看”交办的绿心保护、岳阳绿色化工产业园云溪片区环境治理等重点问题整治和反馈意见整改。适时开展省级环保督察“回头看”，对于事关人民群众切身利益问题以及群众密切关注的环境问题，加强督察和执法力度，切实防范地方保护主义。

（四）推进落实河湖长制

以“一湖四水”为重点，继续推进落实河长制和湖长制，在全省和全流域构建省、市、县、乡、村五级河湖长，探索建立企业河长、民间河长等制度，建立河湖流域生态环境管理与保护的“双河长”制度。以政府为主导，引导和激发企业、公众、环保组织等非政府机构与人员参与河湖生态治理的积极性与主动性，在资金投入、评价考核、奖惩机制等方面创新理念，加快实现十九大报告提出的“构建政府为主导、企业为主体、社会组织和公众共

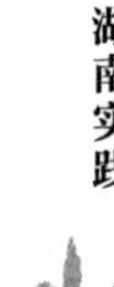

同参与的环境治理体系”。探索完善河湖流域治理的市场化机制，推进和完善自然资源资产产权制度，探索建立排污权交易制度，以“一湖四水”为重点，逐步建立流域下游对中上游以及中下游对上游的跨地区生态补偿机制，通过资金补偿、产业转移、园区共建等多种形式，实现流域上中下游经济效益与生态效益的统一。

（五）健全环境保护法律体系

完成《湖南省洞庭湖保护条例》《土壤污染防治条例》立法。完成生态环境机构改革、垂直管理改革和综合执法改革，进一步理顺生态环境工作机制体制。按照“一河一策”“一湖一规”原则，以《湖南省环境保护条例》综合性基本立法为顶层设计，以《湖南省饮用水水源保护条例》等单项立法为四梁八柱，以《湖南省湘江保护条例》和《湖南省洞庭湖保护条例》等特定流域、湖泊综合性立法为坚实基础，构建湖南省一体化的水保护法律体系。具体来说，要实行“两个出台”和“两个修订”：“两个出台”是出台《湖南省饮用水水源保护条例》《湖南省洞庭湖保护条例》，其中《湖南省饮用水水源保护条例》既涉及水污染防治，又涉及水资源保护，是综合性立法。“两个修订”是修订《湖南省环境保护条例》和《湖南省湘江保护条例》。要在立法原则、管理体制和制度设计方面修改完善，从法治上解决综合治水中的各种矛盾。

（六）探索建立专门化司法机制

2015 年以来，湖南省高级人民法院结合河长制的推行，在“一湖四水”均设立专门环境资源法庭，迈出了跨行政区域环境案件集中管辖第一步。但目前这种设置仍面临一些问题，如财政支出与机构建制上的依附性，有损“一湖四水”环境资源法庭司法裁判的独立性。建议将财政支出及人事任免的横向管理模式改为纵向管理，“一湖四水”环境资源法庭人财物的供应权与决定权由湖南省高级人民法院统一管理。同时，严格法官录用制度，建立法官职务保障及待遇保障制度，淡化法院系统内的行政化，建立环境资源法官的独立保障机制。

第三章

湘江流域水环境问题、治理思路与对策

2018年，习近平总书记在湖南视察时，再次强调长江经济带发展“共抓大保护、不搞大开发”，勉励湖南要“守护好一江碧水”。湘江流域是长江经济带的重要组成部分，湘江流域水环境治理是长江经济带绿色发展的重要内容，其治理成效直接关系到长江经济带生态文明建设的结果。湘江流域面积约占湖南省的40%，哺育了湖南60%的人民，支撑了湖南70%的经济，是湖南人民的母亲河，是孕育湖湘文化的生命之河，素有“东方莱茵河”之称。流域内城镇密布、人口集中、经济发达、交通便利，是湖南经济社会发展的核心区域，也是资源和环境压力最大的区域。加快湘江流域水污染治理，修复流域水生

态环境，实现流域生态环境的可持续发展是湖南省委、省政府密切关注的重大课题，也是三湘人民的热切期盼。

一　湘江流域水环境的主要问题

湘江流域水污染问题由来已久，尤其以重金属污染问题最为突出。新中国成立后尤其是改革开放以后，国家、湖南省对湘江水污染问题进行了多次研究、诊断和治理，水污染形势得到了有效控制。但是随着经济社会的不断发展和人口的不断集聚，湘江流域水污染逐步转变为复合污染态势，结构性水问题突出，水资源承载能力不足，综合管水能力有待加强，水环境问题呈复合化、复杂化态势。

（一）水污染已呈流域性复合污染态势

一方面，湘江流域内由行政区划所形成的各方利益诉求多元化，各利益相关方对流域所涉及的资源开发和环境保护等问题有不同需求；另一方面，社会经济发展对流域资源环境形成逐渐增大的持续性压力，在污染物排放总量不断增长的情况下，湘江水污染正从传统的工业源污染、点源污染、常规污染物为主转向城乡生活源与工业源叠加、点源与面源共存、新旧污染物相互影响的复合型污染，跨地区的流域性资源环境问题日益突出，成为经济社会可持续发展的重大挑战。

（二）结构性水环境污染风险突出

当前，湖南正处于工业化发展的中后期，呈现出重化工业加速发展的阶段性特征，对水资源和水环境保护的压力不断加大。同时工业布局不尽合理，许多大型企业和污染密集型行业（如冶炼、造纸、石化等）布局在湘江流域两岸，距离饮用水水源保护区、人口集中居住区、重要生态功能区等环境敏感区域的距离过近，存在水环境污染的安全隐患。此外，随着《湖南省主体功能区划》、“一带一部”和承接产业转移等发展战略的实施，湖南省产业发展方向及空间布局发生了较大改变，资源消耗、环境污染空间结构也将随之变化。在全省环境压力总体趋缓的同时，承接产业转移地区的污染情况将发生变化，部分区域水环境压力会进一步增大。

（三）城乡水污染治理难度加大

随着工业化和城镇化的持续推进，湖南省许多城镇周边河湖水域被挤占，水体连通循环性减弱，城市废污水排放量加大，导致局部地区水体污染、水质恶化呈加剧态势，城市黑臭水体治理难度加大。部分农村地区的生活污水、生活垃圾尚未得到妥善处置，畜禽水产养殖污染问题严重，农村水环境保护面临着饮用水安全难以保障、水生

态环境受到破坏、水环保基础设施建设滞后、水环境监管长效机制不足等多方面问题。

（四）水资源承载力难以满足发展需求

受水利工程建设、泥沙淤积、江湖连通不畅、非法采砂等因素影响，湘江流域一定程度上存在着水资源时空调蓄能力有限，防洪减灾压力加大，水环境容量降低，调节气候、调蓄洪水、纳污自净等生态服务功能退化问题。加之与其他流域之间缺乏有效的水资源配置措施，生产生活用水方式粗放，浪费严重，导致一些地方随着枯水季节河湖水量减少、水位下降，生产生活和生态用水需求难以保证，水资源承载能力难以满足经济社会发展需要。

（五）水资源综合管理能力有待加强

当前，虽然河长制工作持续推进，但水利管理体制上的多头管水条块分割现象依然存在，形成了地区分割、部门分割、水量和水质分割管理的局面，极大地影响了水资源管理和保护效率。水利设施建设和管理事权划分仍不够清晰，重建轻管的现象尚未根本改变，工程效益衰减的现象未得到有效遏制。流域内排污权及城市水源地的保护等工作缺乏相关政策支持，水资源管理及污水排放缺乏科学的、具有约束力的措施和办法，全面建立和落实水生态红线制度、水生态补偿制度、水生态环境损害责任追究制度

等任务艰巨。水价、水市场改革仍待推进，市场机制在资源配置、节约用水、水利建设和生态补偿等方面的作用尚未充分发挥，稳定的水利投入机制尚未形成。

二 湘江流域水环境治理的基本思路

以湘江流域水环境问题为切入点，深化水资源管理改革，建立省、市、县三级水资源开发利用、用水效率、水功能区限制纳污的“三条红线”控制指标体系，全面实行最严格的水资源管理制度，全力推进节水型社会建设，开展节水型社会、水生态文明城市等系列试点工作，力求湘江流域水环境治理取得明显进展与成效。

（一）发展思路

遵循“节水优先、空间均衡、系统治理、两手发力”的方针，以确保水净、河畅、岸绿为目标，以巩固和改善水环境质量为核心，坚持开发利用与保护治理相结合，注重治调并举、管建并重、城乡并行，强化水陆统筹、江湖联动，严格落实河长制，系统推进湘江流域水污染治理、水生态保护和水资源管理，为实现全省经济社会持续健康发展提供坚实基础与生态保障。

（二）基本原则

一是政府统筹，市场运作。充分认识湘江流域治理的

公共性、外部性特征，按照公共资源配置政府主导、一般资源配置市场决定的导向，科学履行政府职能，提高政府宏观调控水平，由政府统筹实施分区控制、分类指导、统一监管。尊重市场规律，合理利用市场化机制，引导优质资本和先进模式进入，促成经济、社会和环境效益的多方共赢。二是权责对等，联防联治。按照湘江流域治理相关各类主体权力与责任相适应、有权必有责、权责一致、利责匹配的导向，正确处理好政府、企业、公众主体责任的关系，厘清各级政府事权，灵活运用政策工具，打破区域间、流域间、部门间合作的桎梏，形成纵向协调、横向互动、联防联治、共建共享的治理体系。三是生态为本，治调并举。坚持"绿水青山就是金山银山"理念，以改善环境质量、维护生态安全为主线，推进水环境、水生态、水资源的系统治理。将调结构、调布局的源头优化与治污染、富生态的过程治理相结合，统一部署流域产业布局、污染防治、生态保护、资源管理，打造水陆同步、城乡一体、治调并举的新格局。四是点面结合，长效管控。整合行政、资金、科技、人才等资源，按照共同但有区别的思路，通过实施一批试点、示范工程，在重点区域和关键领域取得突破，推广经验。全面深化重点领域和关键环节改革，在法规标准、行业准入、平台建设、监督考核等方面探索和完善一套巩固治理效果的长效机制。

三　湘江流域水环境治理的主要路径

通过工业水污染治理、农村水污染综合整治等行动纵深推进水污染防治；通过重要生态功能区维护、海绵城市建设等行动纵深推进水生态保护；通过河长制和湖长制建设、水资源市场化机制建设等行动，纵深推进水资源管理体制改革。

（一）以产业结构和布局优化为重点推进水污染防治

实施工业污水治理“四化并举”、农业面源治理“双零行动”、城乡生活污染治理“三元联动”、重金属污染治理“两大战略”，纵深推进水污染治理，推广和引进成功案例与经验，建立健全湘江流域全方位水污染治理体系。

1. 优化常态治理体系，建立完善非常态治理体系

一是加快产业结构与布局优化。坚决淘汰不符合国家产业政策的小型造纸、制革、印染等严重污染水环境的生产项目，对工艺技术、环保设施落后，整合或改造潜力有限的企业全面排查退出，防止反弹。组合运用负面清单、准入门槛、用地管理、金融工具等措施，将产业布局、产业转移与水污染物排放总量控制挂钩。优化钢铁、石化、

有色金属、造纸等需水、涉水行业产业布局，在湘江中下游（衡阳、湘潭）建设黑色金属冶炼和深加工产业集群，推进铁合金企业整合，在湘江中下游（衡阳、长沙）建设现代煤化工、精细化工和绿色化工集群，在湘江上游（郴州）建设有色金属综合利用和金属新材料产业集群。通过资源整合、技术升级、产业置换，用活水环境容量资源，使需水、涉水产业发展与区域治水、护水目标相统一。

二是加快产能清洁化和产业清洁化。实施重点行业专项治理，完成造纸、焦化、氮肥、有色金属、印染、制革、农药、电镀等十大重点行业专项治理和清洁化改造，新建、改建、扩建上述行业建设项目，实行主要污染物排放减量替代。加大清洁生产审核力度，鼓励工业企业自愿开展清洁生产审核和 ISO14000 体系认证、参与国家标准和行业标准制定，同时对未通过强制性清洁生产审核的企业执行限产或停产整顿。在湘江干流及主要支流区域，扩大清洁生产审核范围至化工、有色金属、造纸、畜禽养殖和涉重金属企业，开发清洁生产技术、工艺和成套设备，确保实现主要污染物达标排放和总量削减。加快发展环保产业，在水环境治理、水循环利用、农业面源污染治理、污染土壤修复等领域培育和壮大一批环保装备制造、监测仪器设备制造和工程咨询服务、环境产权交易等环境服务产业。鼓励环保产业和其他产业采用共结战略合作伙伴、

产业联盟等方式，推广产业绿色化整体解决方案，通过“成套方案＋金融支持”推动企业实施绿色战略、绿色标准、绿色管理和绿色生产。

三是加快工业企业和产业园区集聚化。加强湘江流域内经开区、高新区、工业集中区等产业园区污染治理，引进综合环境服务商，以污水和垃圾处理为重点，试点推广整体环境合同服务。园区管委会以环境改善和治理水平为环境服务目标，并提供环境服务交付交易市场，将服务外包与服务质量和收益挂钩，明确园区内企业支付标准，由专业环境服务公司在环境专项规划制订、环境顾问咨询、治理设施设计、工程建设、调试运营、管理维护等方面提供全过程环境服务，综合解决园区环境问题。对不符合园区准入条件的项目不予审批，限制污染型企业盲目扩大产能，打造一批专业园区，促进污染较重的企业向专业园区搬迁集中。园区内工业废水必须经预处理达到集中处理要求，电镀、化工、皮革加工等行业有必要建立独立的废水处理设施，园区在稳定达标排放的基础上进行深度治理，重点工业污染源实行污染物浓度和排污总量监控。

四是加快水环境应急管理与处置现代化。重点加强化工行业、涉重行业的污染风险防控，积极推进涉环境风险地方标准的制定和修订，定期开展重点行业领域监管对象安全风险分析和隐患排查，及时发布预警公告，推进计划执法、严格执法、规范执法和联合执法。提升危化物品、

危险废物物流安全水平，在各地推广建立物流监管中心，重点发展第三方物流，探索发展第四方物流。提高突发性水污染环境事件应急处置能力，完善企业应急预案，实现较大以上环境风险企业突发环境事件应急预案修编和备案率达到 100%。建设环境事故应急平台，打造集应急地理、应急预案、应急队伍、应急物资等于一体的应急保障数据库，推进各应急单位联动协作。强化企业环境风险防范主体责任，督促企业建立自查自改和自主管理制度，切实落实生产许可制度，联合行业协会等组织加强经营自律，加快提升企业环境风险防控人员专业水平，建立从业人员信用评价体系，建立企业“黑名单”和人员“黑名单”制度，加强守信激励和失信惩戒。

2. 促进种植业污染性生产要素零增长和养殖业水体污染物零排放

一是实现化肥、农药、农地膜零增长。“十三五”期间完成湘江流域测土施肥技术全覆盖，降低酰胺态氮肥比例，推广脲酶抑制剂施用提高氮肥利用率，从源头控制氮磷流失量。大力推广高效、低毒、低残留农药，积极开展病虫草害综合防治、生物防治和精准施药，限制销售高毒性、高残留农药，实行农药包装物回收及无害化处置。探索秸秆、废弃农膜等的资源化利用途径，鼓励秸秆建材、秸秆压块燃料、秸秆粉碎还田、秸秆发电等利用模式。发展节水农业，合理调配灌溉水资源，控制农田退水污染，

循环使用农田排水，加强生产灌溉水源管理，严格控制主要粮食产地和蔬菜基地的污水灌溉，确保农产品质量安全。推动有机农业发展，在湘江流域基础设施配套较好的重要农产品产地，建设有机、绿色、无公害农产品生产基地，试点推行少用或不用化肥农药可获政府补贴的政策。改造湖泊、滩头、低洼田，建设稻鳖鱼虾生态种养等示范区，推广农牧结合的产业发展模式。在有条件的地区，试点建设生态拦截沟渠工程、农田径流截流处理工程等。

二是促进养殖业水污染物零排放。严格按照禁养区、限养区、适养区标准对流域畜禽养殖分区管控，禁养区尽快退出既有的规模养殖场（小区），限养区不再审批新建养殖项目，依据水环境承载能力确定合理的养殖总量，对未超过总量地区的改建、扩建养殖场（小区）实行严格准入。新建、改建、扩建规模化畜禽养殖场（小区）实施雨污分流和污水、有机废弃物资源化利用，推广生猪发酵床等零排放技术。规范水产养殖行为，推广人工配合饲料，限制使用抗生素等化学药品。针对规模化养殖往往难以采用水肥还田方式在本地消纳畜禽粪污的问题，以有机肥、沼气生产为重点，大力推进养殖业循环利用，促进畜禽污染物零排放。在土地消纳能力充足的地区，优先采用堆肥等“种养结合”技术模式，使废弃物无害化处理后进入农田生产系统，在土地消纳能力不足的地区，发展生物有机肥，建立畜禽粪便收集、运输体系和区域性有机肥

生产中心。通过对规模养殖场生产污水处理实施强制规定，倒逼大中型沼气综合利用工程建设。促进大中型沼气工程与周边农户签订秸秆换气协议，加快推广秸秆发酵制气技术，拓宽原料来源。出台沼肥补贴政策，开展生物天然气试点、示范工作，允许其产品并入城乡供气管网及建设加气站等。给予生物天然气生产企业特许经营权，鼓励沼气生产企业对沼气进行高度提纯，使其接入市政燃气管网、汽车加气站、并网发电及热电联产。建管并重，运营好沼气服务网点，探索沼气服务网点运行补助政策，通过适度补贴结合有偿服务等形式确保服务人员有稳定收入。

3. 形成政府保基本服务、企业全链条负责、公众便捷性参与的协同治理体系

一是提高城乡污水治理覆盖面。强化城中村、老旧城区和城乡接合部污水截流、收集，完善配套管网，加快实施雨污分流改造，城镇新区全面实行雨污分流，降低污水处理厂运行负荷。加快污水处理厂提标改造，对已建的污水处理厂全面实施脱氮除磷改造，新建城乡污水处理设施必须配套脱氮除磷工艺。重点湖泊、重点水库汇水区域、城市内湖、景观水系、水环境敏感区的城镇污水处理设施达到一级 A 排放标准，建成区水体水质达不到地表水Ⅳ类标准的城市，新建城镇污水处理设施执行一级 A 排放标准。探索污水处理后再生回用渠道，推进长株潭“两型社会”试验区和衡邵干旱走廊再生水利用。推广城市

污泥深度脱水技术，改造现有污泥处理处置设施，取缔非法污泥堆放点，禁止处理处置不达标的污泥进入耕地。针对乡村污水处理标准要求过高，导致处理成本及运营管理难度过大的问题，建议根据实际情况合理确定乡镇及农村的污水处理标准，政府与企业合作成立 PPP 公司，在集中度高的村镇建设集中处理设施，在居住分散、经济条件落后的村镇建设低成本、易维护的小型分散式污水处理设施。

二是建立城乡生活垃圾资源化体系。借鉴苏州、武穴市经验，政府可委托 1 ~ 2 家技术成熟的企业对市、县行政区域的生活垃圾、餐厨垃圾进行无害化、资源化利用处置，一方面提高垃圾处理企业规模经济性，另一方面减少政府行政管理的环节和对象，节约监管成本。在生活垃圾资源化利用处置上，重点推广市场潜力巨大的水泥窑协同处理技术，在餐厨垃圾处置上，由委托企业承担收集、运输、处置的全部业务，发展餐厨废弃物生产生物柴油、沼气、养殖蝇蛆产业。提高政府监管水平，完善污染控制标准、产品质量控制标准等风险控制相关标准，高水平设定委托企业准入门槛，建立 GPS 和处置场所监控等全程追踪平台，数据与市容市政、财政、环保、卫生等部门平台对接，确保不产生二次污染。建立多元化经费筹措和奖补机制，对涉及垃圾资源化处理的相关资金尽量打包使用。调整现行补贴机制，参照垃圾焚烧发电补贴建立水泥窑协同处理垃圾的补贴机制，同时使垃圾处理费用补贴不低于

传统垃圾焚烧发电模式。对使用餐厨垃圾资源化处理的餐饮企业，免除其处理费用。在一事一议、群众自愿的基础上广泛开展乡村生活垃圾处理村镇筹资，建立奖励机制，强化对乡镇、农村生活垃圾统一收运的支持，利用城市配套费按比例返还，对生活垃圾收运成效突出的乡镇予以奖励，对成效突出的村给予年度奖励和垃圾收运运行经费补贴。

三是创新居民参与生活废弃物回收的商业模式。推广汨罗市“城市矿产”回收利用、永兴县稀贵金属回收利用经验，强化居民生活垃圾分类回收，按照“统一标识、统一着装、统一价格、统一衡器、统一车辆、统一管理”的标准，在社区铺设回收站点，为城镇居民提供便捷、诚信、环保的废品回收服务。鼓励采用“O2O”等互联网新模式进行社区废弃资源回收，尤其是对价值较高或环境风险较大的电子废弃物的回收利用，使公众与处置企业直接对接。参考江苏模式，试点建设推广社区电子废弃物回收微信服务平台，线下选用经环保部认可，具备电子废弃物回收处理资质的企业作为合作单位，线上采用微信红包奖励等亲民方式吸引市民广泛参与。

4. 破解重金属治理技术瓶颈和污染土地修复资金瓶颈

一是破解重金属治理技术瓶颈。依托国际大科学计划、大科学工程，在湘江流域重金属污染治理等重大课题上，与世界顶尖机构联手建立战略合作伙伴关系，加快技术引进和消化吸收再创新。整合全省科研力量，实施一批

重大科技专项，重点攻克一批土壤污染防治技术难点，在湘江流域的株洲市城区、衡阳水口山工业区、郴州三十六湾等区域加快实施一批重点示范项目。促进科技成果转化应用，鼓励技术持有者以技术入股等形式，与投资者建立新兴产业合作实体。依托中南大学等机构在重金属废水处理等关键技术上的重大科技成果，在省内开展示范应用工程，加大对示范工程、骨干企业和优秀技术产品的宣传推介力度。

二是破解污染土地修复资金瓶颈。建议按照待修复土地的市场潜力，选择修复模式，组建土地修复投资和实施平台。对土地修复后具有较高商住价值的工业场地土壤修复项目，参考永清环保的“土壤修复 + 土地流转”PPP模式，企业和政府共同投资设立 PPP 项目公司，通过分批修复，分批实现效益，缓解资金压力，降低企业风险，实现土壤滚动修复。对修复后难以实现较高商业价值的农田修复项目，积极争取财政投入，设立引导资金，建立转向污染物活性控制为主的修复标准，探索公司 + 农户商业模式，在不改变用地性质的前提下，出台给予企业较长期土地经营权的优惠政策。对矿区土壤修复，严格恢复治理责任机制，引导社会资金注入，可规定土壤修复投资人对工程剥离的矿产资源拥有处分权，并免缴相关费用，整体出让的土地，投资人可优先获得土地使用权或从新增土地政府收入中分成。支持以龙头企业为抓手，强化湖南省内

骨干企业或产业技术联盟对土壤修复产业链的控制，打响品牌，将土壤修复业务进一步拓展到前期技术咨询、场地调查、风险评估、方案设计等方面，完善产业链盈利模式，支持技术推广应用。

（二）以重要生态功能区维护为重点推进水生态保护

实施“江湖修复”“绿色屏障”“润泽三湘”三项行动，保护河湖、岸线、森林、湿地、生物五大资源，打造中国海绵城市湖南模式，在湘江全流域构建山水林田湖全防全控的水生态保护体系。

1. 强化水体保护、江湖联通和河道系统整治

一是明确划定水生态保护红线范围。划定并发布湘江流域水生态保护红线，明确水源涵养、水土保持等生态功能重要区域，以及水土流失、土壤石漠化等生态环境敏感脆弱区。按照禁建区和限建区对现有水生态资源实施分级分类管控，统筹协调航运、采砂、渔业等产业发展规划与生态环境保护规划。在湘江主要干支流设立水量、水质监测站点（远期建立自动监测系统），对现状水质达到或优于Ⅲ类的江、河、湖、库开展生态安全风险评估，开展地下水饮用水水源地环境状况调查工作。制定实施水生态环境保护方案，严格控制保护区内土地利用、植被砍伐等开发活动，对环境风险隐患大的水源保护区开展综合整治。

科学开展集中式饮用水水源保护区边界划定与调整工作，设置明确的一级和二级保护区界限标志、公告标志，严格清理饮用水水源保护区内违法建筑和排污口。

二是统筹调配湘江流域水资源。以湘江径流量为依据，通过科学测算和评估，统筹调配流经地区工农业生产及生活用水量，最大限度减轻和解决湘江流域水资源紧缺问题。加快推进岳阳市等重点地区连通项目的建设，通过修建泵站、连接水渠和闸控工程等方式与洞庭湖及其他河流构建生态水网。以水资源紧缺、水生态脆弱和水环境恶化等地区为重点，推进连通渠道、连通控制闸（坝）改造、提水泵站改造、河湖渠护岸和清淤、水道堤防加固等建设项目，重点对湘江尾闾河道实施疏浚、扫障、扩卡和护脚等工程，着力解决水系复杂、河湖萎缩、蓄滞洪水能力降低等问题。

三是着力加强河道系统整治。按照“省授权、市审批、县监管”的原则管理河道采砂，实行河道采砂统一规划和审批许可，严格控制砂石开采总量，重点督办河道内非法采砂、淘金、乱采滥挖、乱堆乱弃和乱建砂石厂等行为。强化重点河段、重要区域和重要时段的巡查，强化禁采区、禁采期、采砂总量和作业方式的监管及对涉砂船舶、采砂机具的监管，严厉打击“三无”船只。完成地级城市和有条件的县（市）数字城市地理空间框架建设，构建基于 GPS 的采砂船只实时监控平台，对采砂船只实

施限时、限量、限船管理。加强河道系统整治，启动流域水系河道疏浚工程，拓宽原有河湖水面，清理水系淤积底泥，恢复自然深潭浅滩和泛洪漫滩，有效提升水系纳水和通航能力。

2. 推进森林湿地生态修复、水土保持、生物多样性保护与风险防控

一是推进森林生态系统保护与修复。加强国土、林业、农业、环保、水利等部门间的合作，进一步落实主体功能区规划，加强湘江流域森林管理的系统性和整体性。进一步明确自然保护区、生态廊道、生态绿楔核心区及其他生态敏感区的边界，对重点保护区进行适当升级，创建“保护与发展共赢”的资源保护与利用模式，实现“一园一法”管理。推进天然林资源全面保护和重点公益林有效管护，分步骤全面停止天然林商业性采伐。加强对丘陵与中（低）山生态屏障区内风景名胜区、郊野公园、国有林场、森林公园等资源的保护与利用，加强对水系源头生态林的保护与建设。促进沿江生态林建设与城市防洪工程相结合，衔接已建的防洪堤，向其上下游延伸，建设两侧防护林带。整体推进河湖地区绿化，大力开展植树造林，推进封山育林、水土保持、植被修复等生态工程，对重点地区 25 度以上和 15 ~ 25 度重要水源地坡耕地实施退耕还林。

二是推进湿地生态修复。加强对湘江水系源头及支流

湿地的保护和监控，着力保护源头区域湿地资源，实施以关键、重要物种保护及其栖息地保护和修复为主的生态恢复和修复工程。加大流域范围内各类自然保护区、风景名胜区、水产种质资源保护区、野生动植物保护栖息地的整体保护力度，形成以自然保护区、湿地公园为主体，其他保护形式互为补充的湿地保护管理体系。加强湿地调查、监测与考评等能力建设，对重要湿地保护区设置标桩、宣传牌，加强各级湿地生态治理，严格控制湿地内开发活动；在重要湿地设立科研监测中心、水文站、气象站、生态定位站、鸟类环志站、病虫害防治站等，开展湿地生态系统结构与功能的学术研究；完善湿地生态保护责任制和管理考评体系，加大湿地生态保护问责和奖惩力度。

三是推进水土保持综合治理。推进小流域综合治理坡改梯、溪沟整治、生产便道、蓄水池等水土保持项目工程建设。对交通不便地区的农村生产道路实施路渠结合，统一规划，对靠近居民点、基本农田附近难于蓄水或已报废的塘堰进行整修和清淤，增大蓄水容积，解决部分人畜饮水和农作物灌溉问题。在水土流失重点地区实施坡改梯工程，因地制宜建设土坎和石坎梯地，实施截流排洪沟等配套工程。持续开展退田还湖、退田还林行动，增加“双退”面积，严禁任何围湖造田、围河造田、围湿造田及减少水面的活动。

四是建立生物多样性监测网络体系。开展生物多样性

本底调查，进行编目和建立数据库，构建生物多样性信息共享系统和监测网络体系，加大生物多样性保护和有害生物评估管理力度。加强生物多样性重点区域的保护和管理，抢救濒危珍稀野生生物，加大野生动植物自然保护区和水产种质资源保护区保护力度，开展珍稀濒危水生生物和重要水产种质资源的就地和迁地保护，实施珍稀洄游鱼类栖息地修复工程和迁地保护工程。充分考虑湿地迁徙水禽的生存需求，在湿地保护核心区及其周边湿地实施水禽栖息地恢复工程，针对不同水禽的生态需求，修复不同类型的水禽栖息地。加强外来物种引进管理和风险性评估，强化已引进物种的监管，推广农业有害生物生态控制技术、生物防治技术，结合物理、化学等防治措施对已入侵有害物种进行综合防治。建立血防 RS 监测系统、GPS 定位系统和 GIS 管理系统，制定急性血吸虫病暴发流行应急处理预案，提高血吸虫病疫情监测、预警和突发疫情应急处置等防治能力。

3. 打造中国海绵城市湖南模式

一是优化海绵城市空间格局。对湘江流域山、水、林、田、湖等自然生态本底进行全面摸底，识别河流、湖泊、湿地、坑塘、沟渠等需要管控的海绵空间（水生态敏感区），构建海绵城市的自然生态空间格局，并提出保护与修复要求。在充分考虑城市自然生态空间格局基础上，分析流域内的河湖、坑塘、沟渠、湿地等水面线位置

以及水体消落带的分布，提出蓝线控制的宽度，科学划定城市蓝线、绿线，保护城市河湖水系及其周边重要绿地。以堤防为界，明确工程界限，划定河流水体及河岸缓冲区面积，明确城市明渠及保护范围面积。严格确定湖泊、大型水库的蓝线、绿线、灰线保护范围，其中，蓝线、绿线之内不得进行任何开发。

二是推进海绵城市管控分区。根据城市自然本底，结合地形、地质、水文条件、年均降雨量等因素，在深入分析城市单个片区水问题的基础上，对所有建设分区进行分类，确定各海绵城市建设的路径、控制指标和建设指引，做好海绵城市建设分区规划，明确海绵城市建设的重点区域与项目内容。流域内各城市依据自身条件，参照国内外成功经验，推进系统规划编制，实现对控规指标、土地出让、施工许可、竣工验收等全程化管理，提出量化考核指标、建立可视化平台等，按照系统化、全程化、制度化、数据化、定量化、模型化、可视化的要求，构建海绵城市规划管控体系。

三是分类推进海绵城市建设。加大政策支持力度，发挥市场配置资源的决定性作用和政府的调控引导作用，积极推广政府和社会资本合作（PPP）模式，吸引社会资本参与海绵城市建设。针对城市老区改造、新区建设和各类园区建设等不同情况，分类推进海绵城市建设。新区和新建项目严格按照海绵城市建设要求进行规划和建设，老城

区改造坚持以问题为导向，防止盲目、全面翻挖，结合棚户区和危房改造等工作同步推进，实现功能性、经济性、实用性的有机统一。加快推进海绵城市建设工程项目储备制度，编制项目滚动规划和年度建设计划。推进海绵型建筑和相关基础设施建设，推广海绵型建筑与小区，因地制宜采取屋顶绿化、雨水调蓄与收集利用、微地形改造等措施，提高建筑物与小区的雨水积存和蓄滞能力。

（三）以河长制建设为重点推进水资源管理改革

以河长制建设为重点，加快推进落实最严格的水资源管理制度，进一步强化流域与区域相结合的水资源管理体制，正确处理好政府与市场的关系，更好地发挥市场在资源配置中的决定性作用，加快推进生态补偿机制、排污权交易制度改革，实现湘江流域水资源的高效利用和科学管理。

1. 加快推进落实河长制

一是建立健全各级河长的任务与责任体系。坚持以问题为导向，根据湘江干支流具体情况科学编制“一河（湖、库）一策”治理规划方案，明确现存问题与解决途径，依法建立健全各级河长的任务与责任落实机制。地方政府可按照构建责任明确、协调有序、监管严格、保护有力的河湖管理保护机制的要求，根据湘江干支流的自然生态和社会功能，明确各级河长、相关管理部门的责任目标

和要求，使其职责与治理目标任务相匹配，切实保证河长工作中的各项任务项目化、目标化和时限化。流域地方政府应厘清区域内河湖保护与治理工作中责任者、参与者、受益者、监督者的权利和义务，明确相关人员承担的责任内容，如领导责任、直接责任、间接责任和其他责任，以及河长与相关部门之间、正副职之间、不同河长层级之间的责任关系，避免因职责不清、权限不明而出现的互相推诿情况。

二是加强组织领导和部门联动。注重河流的整体属性，遵循河流的生态系统性及其自然规律，明晰管理责任，统筹上下游、左右岸，加强系统治理，实行联防联控。流域各地要加强组织领导，明确责任分工，抓好工作落实。水利、环保等部门要加强沟通，密切配合，共同推进河（湖、库）管理保护工作。充分发挥水利、环保、发改、财政、国土、农业、林业等部门优势，协调联动、各司其职，加强对河长制实施的业务指导与技术指导。各地政府要加强部门联合执法工作，加大对涉河（湖、库）违法行为的打击力度。

三是开展河长岗前和定期培训。流域各地应制订河长培训计划，邀请水环境保护与污染治理专业人员进行授课培训和专题讲座，增强各级河长与相关人员的履职能力与水平，更好地服务于河长制工作。为了保证治河思路的科学性和规范性，各地新任河长均应及时接受岗前培训，深

入了解所管区域河段的基本情况，牢固掌握河段的突出问题。各级河长在一定时期内需多次轮训，强化河长治河的责任心与履职能力。

四是建立河长制工作群众参与机制。社会公众是环境污染治理的参与者、监督者和潜在的受益者，应宣传动员社会成员，调动他们参与湘江水环境治理的积极性和责任感，让他们主动参与到河流保护与污染治理中来，建立并完善河长制工作群众参与机制。可采用“河长公示牌”“河长接待日”“河长微信公众号”等方式主动展示河长工作、宣传河湖管理成效、受理群众投诉和举报，借助“企业河长”“民间河长”“河长监督员”“河道志愿者”等社会资源进一步强化河湖管护合力，营造全社会关心河湖健康、支持河长工作、监督河湖保护的良好氛围。

五是搭建河长制信息交流平台。建立完善河长制工作平台，加强河湖水环境数据检测、监测、上报，通过工作平台实现数据信息开放共享。及时总结河长制工作开展情况，在省、市、县、乡各级层面定期开展交流研讨活动，形成可复制、可推广的经验做法。注重河长制落实情况的跟踪调研，深入一线基层，掌握第一手资料，分析和研究治河（湖、库）过程中的新情况、新问题，不断提炼成效显著的好做法、好经验、好举措和好政策，并通过工作平台实现共享，持续丰富、完善河长制工作内容。

2. 推进资源环境产权制度改革

一是完善以省级政府为主导的跨行政区流域生态补偿机制。以省级政府为主导，以水质状况为依据，以生态补偿资金的补偿与赔偿制度为核心，建立湘江流域跨行政区生态补偿机制。实施湘江水资源监测能力建设项目，加强河流省界断面水质监测，为建立水生态补偿机制提供基础支撑。加快建设和完善重点流域源头区、重要水源地、重要水生态修复治理区、蓄滞洪区生态补偿机制，鼓励各地区开展生态补偿试点。支持流域中、下游地区与上游地区、重点生态功能区建立协商平台和机制，鼓励采取对口协作、产业转移、人才培训、共建园区等方式加大横向生态补偿实施力度。探索从社会、市场筹集资金，扩大补偿资金来源渠道，建立生态基金，建立公共财政为主导、全社会共同参与的多元化流域生态补偿投入机制。结合环境税费改革，推进排污权交易、水权交易等市场化的补偿方式。

二是建立以市场机制为基础配置水资源的水权制度。完善区域用水总量控制指标体系，抓紧制定湘江水量分配方案，确定区域取用水总量和权益。开展水资源使用权确权登记、水资源用途管制、取水权转让等水权制度建设。积极培育和发展水市场，推动水权交易制度建设，开展水权交易试点，鼓励和引导湘江流域地区间、上下游间、行业间、用水户间开展水权交易，探索多种形式的水权流转方式。统筹建立水权交易机制，推动水权交易平台建设，

研究建立水权抵质押制度，加强水权交易监管，维护水市场良好秩序。在长株潭地区建立水市场开展水权交易试点，逐步在全省建立水权制度，鼓励水权转让，运用市场机制合理配置水资源。

三是建立健全水环境容量交易制度。以行政区域内的流域为对象，以排入流域的水污染物总量为计量载体，结合经济发展程度和社会可承受程度合理确定水环境容量使用费。依照国家环境监测规范对辖区内所有流域的出入境断面取样监测，准确计量水环境容量占用数量。制定流域水环境容量控制红线，根据流域水环境管理需要将相关年度的平均排放强度作为流域的生态红线，以行政区划为单位，配套指标同行政区域排放总量和强度挂钩。交易获得的水环境容量可以冲抵年度总量减排任务完成量，也可以作为建设项目配套指标。没有跨越生态红线的区域可以入市出让水环境容量获得收益，区域内建设项目需取得等量水容量占用权。没有完成总量减排任务的区域，不具有入市出让资格。水环境容量交易采用公平、公正的竞争方式进行，杜绝出让方短期行为和出让方后续使用权、发展权，以一年度为交易时间段，到期后由出让方决定是否继续交易，继续交易时原购买方具有优先权。所有排污单位必须竞价取得与所排污染物等同的水环境容量使用权，其中现有单位达标排放部分按照排污费数量取得初始使用权，超标排放部分入市竞价取得，一年

后须入市通过竞价取得全额使用权。按照国家和省政府资源出让的相关规定，建立交易机构，搭建水环境容量交易平台，充分运用市场化手段确保交易的公平公开、合法有效。

3. 创新流域要素投入机制

一是建立多元化的水利投融资机制。将水利作为公共财政支持的重点，加大湘江流域各行政区域财政预算水利支出，进一步落实土地出让收益计提农田水利建设资金的政策。加强水资源费、水土保持补偿费的筹集管理，促进水利规费的依法征收和有效利用。积极拓宽水利建设基金来源渠道，推动并完善政府性水利基金政策。健全政府和社会资本合作机制，积极发展 BOT（建设 - 经营 - 转交）、TOT（转让经营权）、BOO（建设 - 拥有 - 经营）等水利项目融资模式，推广政府和社会资本合作机制（PPP）。完善投资补助、财政补贴、贷款贴息、收益分配、价格支持等优惠政策，鼓励和引导社会资本通过资产收购、特许经营、参股控股等多种形式参与水利工程的建设和运营。充分发挥各类金融机构作用，用好开发性金融、政策性金融等优惠政策，拓宽水利项目融资渠道，缓解地方筹资压力。积极争取拓宽水利建设项目的抵（质）押物范围和还款来源，允许以水利、水电资产及其相关收益权等作为还款来源和合法抵押担保物。鼓励和支持符合条件的水利企业上市和发行企业债券，扩大直接融资规

模。建设湘江水利投融资平台，推进有条件的市、县建立水利融资平台；发挥财政资金引导作用，综合采用以奖代投、以奖代补、“一事一议”等奖补政策，鼓励受益农民投资农村水利工程建设。

二是建设水资源管理智慧水网。加快信息资源整合共享，充分利用全省水利普查成果，依托防汛抗旱决策系统，整合水文水资源、水土保持监测网络等已有的水利管理子网，运用新的通信技术和监控技术，建立和完善包括数据采集传输、预报预警、分析决策于一体的湘江水资源管理数字化平台，建设智慧水网。围绕饮用水安全、城市综合防汛安全、水污染治理和水生态修复、数据共享及云服务等方面，开展湘江供水保障体系、防汛抗旱体系、排水防涝体系和海绵城市建设、提升城区河网生态承载力和水生态修复、现代农田水利等关键技术研究，支撑水资源重大工程建设。建设网上政务大厅，创新公共服务方式，加强工程建设、规划、许可、监管、执法网上流转和并行协同，提升公共服务应用。加强信息化基础设施建设，提升水信息基础数据库及行业管理应用，实现信息化基础设施、数据和应用的资源化、集约化建设和管理。加强网络和信息安全，提升标准规范水平，为湘江水资源管理提供先进、安全的信息基础保障。

三是加强水资源管理科技创新。增加湘江水资源管理科技投入，健全完善水资源管理科技创新体系，加强实用

技术推广和高新技术应用，推动水资源管理信息化与现代化深度融合。扎实做好湘江水安全保障科技工作的顶层设计和组织实施，加快推动江湖关系变化、水安全战略等水利重大问题研究。加强水资源科技创新基础平台建设，加快湖南省水利模型试验研究基地、湖南省大坝安全与病害防治工程技术研究中心和湖南省中心灌溉试验站及春华试验区等水利科研创新平台建设。加强国际合作，积极参与国际水事活动。

四是健全水资源管理人才激励机制。吸引高素质人才参与水资源管理，进一步健全人才向基层流动、向艰苦地区岗位流动的激励机制，创新水资源管理人才培养、考核评价、选拔使用、激励保障和引进等工作机制。以高层次专业技术人才、高技能人才、基层水利人才和重点领域急需紧缺专业人才为重点，实施水资源管理人才开发工程。全面开展水资源管理人才教育培训，持续加大人才教育培训广度与深度，深入实施岗前培训、业务轮训、知识更新培训及后续学历教育。建立水资源管理人才信息平台，最大限度地让人才发挥效益。

四　湘江流域水环境治理的保障措施

推进湘江流域水环境治理是一项宏大的系统工程，也是湖南省委、省政府密切关注的重大课题，应该进一步增

强责任感、紧迫感，积极作为，狠抓落实，凝聚共抓齐管的强大合力。

（一）加强组织领导

在湘江省级河长的统一指导下，建立联席会议制度，统筹协调湘江流域水环境发展战略和重大项目的建设实施，协调跨地区跨部门重大事项，督促检查重要工作落实情况。各市（州）成立由主要负责人为主任的湘江流域协调议事机构，建立联络员制度，加强组织协调和工作推动。流域内县（市、区）人民政府是推进湘江水环境建设的实施主体和责任主体，要切实加强领导，不断完善政策措施，加大资金投入，抓好各项任务的落实，确保各项任务全面按期完成。省直有关部门要发挥指导和协调作用，按照职能分工，制定配套政策，完善相关规章，及时帮助解决工作中存在的问题。形成一级抓一级、层层抓落实的工作格局，共同做好湘江流域水环境治理这篇大文章。

（二）完善工作机制

加快制订湘江流域水环境建设重点任务三年滚动计划和生态环境保护、水资源管理、岸线资源利用等专项规划，研究提出各领域具体任务，协调推进重点任务落实。按照“成熟一项、推出一项”的原则，每年开工建设一批重大项目，率先在保护湘江生态环境、促进河湖沿线产业有序转

移和转型升级、推进水资源管理改革等重点领域取得突破性进展。尽快研究论证湘江流域统一监督管理新体制，进一步明确有关部门、流域管理机构、地方政府的责任，统筹加强流域管理，切实做好流域统筹协调、相互配合、职能分工和任务整合等工作。加强跨部门跨区域联防联控，形成统分结合、整体联动的工作机制，确保各项任务落到实处。

（三）加强执法监督

以《湖南省湘江保护条例》为指导，对流域涉水行为做出明确的法律规定。建立健全湘江流域生态环境保护法律体系，积极开展水权制度、河道湖泊管理与保护等方面的立法前期工作，规范和约束各类利用自然资源的行为。建立流域水行政执法控制体系，严厉查处涉水违法行为。进一步加强水资源、水环境、水生态、岸线、航运等方面的监督管理，严厉打击侵占河湖水域、破坏森林植被、人为制造水土流失、违法违规排污、岸线乱占、“黑码头”、非法采砂等行为。充分发挥环保组织、志愿者和社会公众的监督作用，依法推动企业向全社会公开相关信息，加大典型水环境违法行为的曝光力度，用法制意识守住全社会保护湘江母亲河的无形红线。

（四）严格考核问责

依托防汛抗旱决策系统，整合水文水资源、水土保持

监测网络等已有的水利管理子网，搭建包括数据采集传输、预报预警、分析决策于一体的湘江水资源管理智慧平台，省级河长会同各支流河长定期组织开展湘江水环境建设动态跟踪、监测分析和科学评估，提出建设意见及建议。科学划分水污染控制单元，明确水质保护目标和水资源使用总量，强化目标管理，建立湘江水环境建设评价指标体系、考核办法、奖惩机制。强化指标约束和考核结果应用，考核结果作为地方政府领导干部综合考核评价和生态保护财政转移支付的重要依据。同时，对建设任务实施较好的主体，采取加大项目资金支持力度等方式予以补助；对落实不到位的主体，加大沟通和处罚力度，力求完成建设任务，实现建设目标。对水环境质量持续恶化、出现水污染事故、超过用水总量的，要约谈相关地方人民政府及其有关部门的负责人，并依法依规依纪追究有关单位和人员的责任。

（五）加强宣传引导

深入宣传生态优先、绿色发展理念，全面解读、贯彻落实省党代会精神与杜家毫书记、许达哲省长的重要指示，在全社会营造群防群治、群策群力、共建共享湘江保护和治理的浓厚氛围。定期公布流域内各市、县（市、区）的水环境质量状况和排名，全面推进企业环境行为信用等级评价工作，依法推动企业向全社会公开相关环境

信息，切实保障公众的知情权、监督权。加强生态文化体验和生态宣教展示平台建设，积极开展宣传教育和绿色创建活动，逐步树立“节水洁水、人人有责”的行为准则，推动公众践行文明、节约、绿色的消费方式和生活习惯。尊重基层首创精神，总结推广各地好经验、好做法，通过典型示范、展览展示、岗位创建等形式，充分调动广大群众的积极性、主动性和创造性，形成政府、企业、公众共同推动湘江水环境建设的新局面。

第四章

湖南高新技术产业现状、布局与发展思路

当前，中国正处于工业化、城镇化快速发展的关键期，产业的快速发展带来的资源环境问题涵盖了生态文明建设的主要方面，加快传统产业转型提质和新兴产业快速发展，构建符合“两型”标准的产业体系是生态文明建设的主要内容之一。高新技术产业是以重大技术突破和重大发展需求为基础，对经济社会全局和长远发展具有重大引领带动作用、成长潜力巨大的产业，是新兴科技和新兴产业的深度融合，具有科技含量高、市场潜力大、带动能力强、生态效益好等特征。进入 21 世纪后的近 20 年，湖南高新技术产业快速成长，成为经济发展最活跃的因素，培育形成了先进装备制造、新材料、文化创意等支柱产业以及生物医药、新

能源、信息和节能环保等先导产业，在装备制造业领域，湖南的工程机械、轨道交通、输变电设备等在全国范围内具有很大影响力和知名度。全省初步形成了以长株潭国家高技术产业基地为中心，以长沙、株洲、益阳、常德等多个高新区为载体，以优势企业为龙头的集聚发展态势。

一　湖南高新技术产业发展现状

近年来，湖南出台了一系列政策措施，全力发展高新技术产业，取得了明显成效，产业规模持续扩大，产业结构继续优化，骨干龙头企业带动作用进一步增强，园区发展势头强劲，区域发展亮点纷呈。但同时，也存在着产业发展层次不高、发展动力不足、区域发展不平衡、产业同质化明显等问题，需要进一步优化发展路径、完善发展政策、破解发展瓶颈、创新发展机制。

（一）湖南高新技术产业发展成就

一是产业规模持续扩大。2018 年，湖南高新技术产业实现增加值 8468.05 亿元，比上年同期增长 14.0%，增加值在 GDP 中的比重为 23.2%；实现高新技术产品销售收入 27478.35 亿元，比上年同期增长 12.9%；实现高新技术产品利税总额 2160.40 亿元，比上年同期增长 8.4%。规模以上工业企业研发支出中 85.9% 来自高新技术企业，

高技术制造业高新产业增加值、销售收入比上年同期分别增长15.6%和13.8%。纳入年度统计的高新技术企业数4104个，比上年同期增加1276个，增长45.1%，实现高新技术产业增加值5021.89亿元，比上年同期增长14.1%，占全省高新技术产业增加值总量的59.3%，比上年同期提高0.3个百分点。

二是产业结构继续优化。从产业构成上看，2018年规模以上工业高新增加值占比为66.5%，服务业、建筑业等高新企业占比提升，产业组成结构趋向均衡。从高新领域构成看，湖南八大高新技术产业领域中，新材料技术、高新技术改造传统产业、电子信息技术和生物与新医药技术四大领域的高新技术产业增加值均超过千亿元。其中，新材料技术领域和高新技术改造传统产业领域发展尤为明显，分别实现高新技术产业增加值1707.67亿元、1640.94亿元，在全省高新技术产业增加值中的比重分别为20.2%、19.4%。增速方面，湖南高新技术领域的平均增速为14.0%，其中航空航天技术、资源与环境技术、新材料技术和生物与新医药技术四大领域发展相对较快，增加值增速分别为24.0%、18.4%、15.5%、14.7%，其他领域发展相对平缓，但增速均在11.0%以上（见图4-1）。

三是骨干企业实力日益增强。2018年，高新技术产值过亿元的企业达到3858个，比2017年增加133个；产值过10亿元的企业有467个，与2017年基本持平；产值

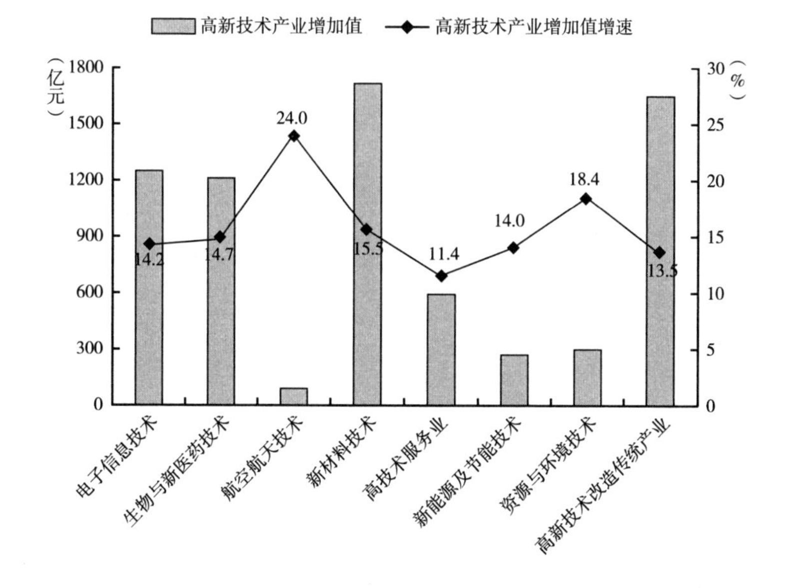

图 4－1　2018 年湖南省高新技术产业分领域增加值情况

过 100 亿元的企业有 32 个，比 2017 年增加 3 个。产值过亿元的高新技术企业产品总增加值、总销售收入和总利税额在全省的比重分别为 93.4%、92.7% 和 93.5%，对全省高新技术产业支撑作用明显。湖南省科技厅认定高新企业且纳入统计的 4104 家高新企业中，产值过亿元、过 10 亿元、过 100 亿元的企业分别为 1742 个、264 个、28 个，占全省高新技术产业对应产值企业数的比重分别为 45.2%、56.5%、87.5%。

四是高新园区增势强劲。“十三五”以来，湖南高新园区呈现出良好发展态势，已成为全省具有重大引领作用的创新高地。2018 年，湖南高新园区范围继续扩大，怀化市成功获批成为国家级高新技术产业园区，湖南全省国

家级高新区达到 8 个，省级高新区达到 24 个。国家级高新园区中，株洲和长沙高新技术产业园区实现高新增加值在全市高新增加值的比重分别为 41.4% 和 31.7%，衡阳、益阳和郴州高新技术产业园区高新技术增加值在全市高新技术增加值的比重均超过 28%。此外，岳阳、郴州高新技术产业园区增加值增速均超过 18%，比全省增速快 4 个百分点以上，长沙市高新技术产业园区增加值增速为 14%。随着企业认定、园区升创的热情高涨，长株潭自创区的持续发展，株洲、衡阳获批开展创新型城市建设的推进，湖南高新园区科技创新实力有望进一步增强。

五是区域发展亮点纷呈。2018 年，“长株潭”地区实现高新技术产业增加值、销售收入、利税总额分别为 4703.81 亿元、14063.77 亿元、1200.05 亿元，在全省的比重分别为 55.6%、51.2%、55.6%，继续承担起湖南省高新技术产业发展的压舱石作用。“大湘西”地区高新技术产业增加值、销售收入、利税总额同比增速分别达到 18.6%、19.2%、39.3%，增速位居各地域前列（见图 4-2），“大湘西”地区高新技术产业发展步入快车道。“洞庭湖”地区和“湘南”地区高新技术产业增加值、销售收入、利税总额在全省高新技术产业的比重均有不同程度的提升。高新技术产业区域布局日趋完善，创新发展成效显著，为各地区集聚优质创新资源、实现经济高质量发展提供了重要支撑。

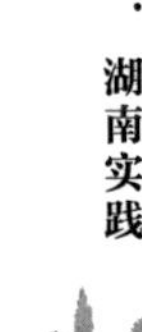

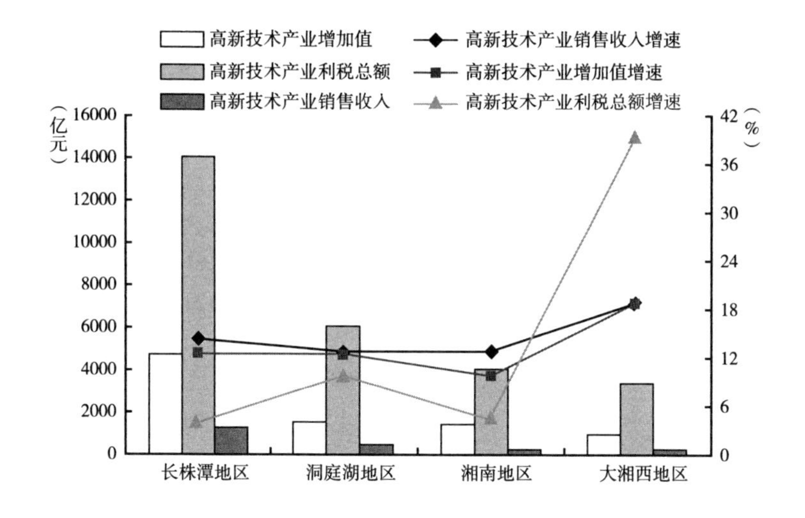

图4－2　2018年湖南省高新技术产业分区域情况

（二）湖南高新技术产业存在的问题

一是区域之间发展不平衡。长株潭地区发展优势明显，2019年上半年，长沙市高新技术产业增加值在全省战略性新兴产业增加值的比重为40.34%，株洲、郴州、岳阳、湘潭高新技术产业增加值均达到200亿元以上，而湘西自治州和张家界市仅有15.98亿元和6.55亿元。“3＋5”地区的城市新兴产业发展明显快于其他地区，市州之间发展不平衡（见图4－2）。同时，各市州的发展速度也存在明显差异，2019年上半年，高新技术产业增加值增速最快的是岳阳市和株洲市，分别达17.4%和17.3%；长株潭三市、岳阳、邵阳、益阳和怀化市增速均在10%以上，湘西自治州增速出现下滑，为－10.8%（见表4－1）。

表 4-1　2019 年上半年湖南省高新技术产业主要指标

单位：万元，%

地区	高新技术产业增加值	高新技术产业增加值增速	高新技术产业主营业务收入	高新技术产业主营业务收入增速	高新技术产业利税额	高新技术产业利税额增速
全省	38096907	11.4	124634399	13.2	10113354	6.5
长沙市	15368103	12.2	45751669	16.6	4491346	7.5
株洲市	3096579	17.3	8626966	21.4	878147	10.0
湘潭市	3687772	10.2	11365004	9.6	805748	15.6
衡阳市	1746496	5.2	5442698	4.2	441701	3.8
邵阳市	1562267	10.3	5847297	9.5	340852	15.4
岳阳市	3290027	17.4	14798949	12.8	1028000	2.3
常德市	1649909	7.2	6396314	6.6	484863	11.2
张家界市	65478	4.7	158268	20.8	17687	31.2
益阳市	1673729	10.9	6716955	12.1	418260	-1.6
郴州市	2393395	9.0	6322470	6.5	349478	-7.4
永州市	1396366	9.3	4607480	17.4	181222	14.9
怀化市	912628	10.7	2859646	19.3	169032	10.9
娄底市	1094386	6.2	5356165	8.5	490046	-3.0
湘西自治州	159773	-10.8	384519	-6.0	16972	-41.4

注：数据来源于湖南省统计局。

二是产业层次有待继续提升。近年来，高新技术产业的快速发展为产业结构的协调发展提供了基础，但是湖南高新技术产业的规模和层次还有较大的优化空间。2018年，航空航天技术和资源与环境技术两大知识密集型高新领域分别实现增加值 82.99 亿元和 294.33 亿元，同比分别增长 24.0% 和 18.4%，虽然增速较快，但在全省高新技术产业增加值中占比仅分别为 0.98% 和 3.48%。2014～

2018 年，新材料技术以及高新技术改造传统产业这两个领域的产业增加值、销售收入、利税总额均占高新技术产业总量的 50% 左右，全省高新技术产业对这两大支柱产业的依赖程度依然较高，具备高效益、高智力、高创新和高势能的高新技术服务业发展较为平缓，产业的内在潜力还有待挖掘。《湖南省创新型省份建设实施方案》明确指出，2020 年全省高新技术产业增加值在 GDP 的比重达到 30% 以上，部分关键技术领跑世界，部分重点产业领域具备全球竞争力。未来数年，湖南省在完善以高新技术企业为载体、加快推动产业创新发展、优化和升级产业结构等方面任重而道远。

三是产业结构趋同化严重。部分市州新兴产业招商时仍处于“捡到篮子里就是菜”的初级阶段，片面地追求数量增长，没有从产业划分、专业化分工、产业配套等方面进行资源合理配置。对入园企业缺乏选择，停留在靠拼资源、卖土地、提供优惠政策的粗放式、初级型招商引资的层面上，产业链相对集中的园区载体不多，更多园区仅仅是作为众多产业不相干企业的“扎堆”之所。由于同一产业分散在各个园区，这又容易造成各园区产业结构趋同，难以形成产业链和规模经济，产业集聚、产业集群无从谈起。

四是载体建设有待继续推进。高新技术产业的发展离不开高新技术产业园区、规模企业等核心载体的支撑，但

湖南省新发展的高新园区和高新企业规模较小，对高新技术产业的推动作用还不显著。2018 年湖南省科技厅新增认定高新技术企业 1000 余家，高新技术产业总产值超过百亿的企业增加 4 家，但产值超过十亿的企业数量并无明显增长。2018 年，湖南省拥有国家级企业技术中心 49 个，在中部地区低于河南省的 88 个、安徽省的 76 个和湖北省的 58 个。进一步优化高新技术企业发展政策环境，健全企业梯度培育体系，不断壮大高新技术企业“后备军”仍是高新技术产业发展的重点。

五是科研人才社会认可度有待提升。2018 年末，湖南省从事科学研究和技术服务业的就业人员在全国的比重为 2.72%，在全国的排名为 14 位，科研人员数量位居全国中上游。在科学研究和技术服务业细分的三个行业中，研究与实验发展人员是科技创新的主力军，专业技术服务人员是推动高新产业发展的原动力，但湖南这两类人员在科学研究和技术服务业人员中的比重只有 70% 左右，而大部分省份在 85% 以上，湖南科研人才结构有待优化。湖南省科学研究技术服务业人员的工资只相当于全国平均水平的 66.3%，湖南省科学研究技术服务业就业人员工资与平均工资的比为 1.12∶1，而全国的比值为 1.45∶1。一系列的数据都说明湖南省从事科学研究的高端人才队伍还有待扩充，同时政府及社会对从事科学研究和技术服务业的劳动者劳动报酬的认可程度有待提升。

二　湖南高新技术产业基本布局

湖南高新技术产业在各市州的布局既有历史原因，也有当地政府和园区依据交通、资源、市场等要素积极招商引资、大力发展的原因。目前来看，高新技术产业在各市州已经形成各具特色和优势的布局，围绕产业链上中下游形成了稳定的配套协作关系，政府为引导、市场为主导、企业为主体、园区为载体、创新为动力的产业发展格局基本形成。

（一）先进装备制造产业

主要布局在长株潭、益阳、娄底等地。新中国成立以后由于国防和政治的需要，湖南成为全国装备制造业分布的重点地区，加上改革开放以来，湖南一直推行赶超型工业发展战略，目标主要放在迅速壮大工业经济总量规模方面，先进装备制造业的发展更是取得了显著的进步。特别是“十一五”期间，湖南先进装备产业基地建设和产业集群发展取得积极进展，产业集聚效应逐步显现，长株潭地区工程机械产业规模达到全国的20%以上，株洲、湘潭地区的轨道交通装备产业规模达到全国的20%以上。长沙工程机械和株洲轨道交通装备先后获批国家新型工业化产业示范基地，成为国家工程机械和轨道交通装备的重

要产业集聚区。

2009年，长沙市中联重科和三一集团两家企业产销均超过300亿元，产业规模和综合竞争力居全国工程机械行业前三位，世界工程机械企业前15位。2010年，长沙工程机械产业集群成为全市首个产值过千亿元的集群，是长沙重点发展的产业。2018年，长沙工程机械产业实现产值约1660亿元，同比增长8%左右。产品品种占全国工程机械品种总类的70%，产值约占全国总量的23%，占全球总量的7.2%，产品覆盖全球160个国家和地区。目前，长沙市拥有三一重工、中联重科、山河智能为龙头的工程机械产业集群，拥有长沙机床厂、中大创远数控装备等精密数控装备制造企业，拥有中航飞机起落架、五七一二厂等航空航天装备制造企业，拥有长高高压开关、长缆电缆附件等输变电装备制造企业，先进装备制造产业已经成为长沙市的支柱产业。

株洲市作为"一五""二五"时期国家布点的八大工业城市之一，以南方动力机械公司等为代表的一批企业曾生产出新中国第一台航空发动机等划时代产品。2007年，株洲市委、市政府做出了以信息化带动工业化，以技术进步改造提升传统产业，大力推进先进装备制造业发展的决策。2009年，提出打造"五大千亿产业集群"目标，其中两个为装备制造业。2018年，入选国家智能制造项目10个、省"五个100"优秀项目5个，

均居全省第 2 位。

湘潭市在“一五”期间被确定为全国 23 个重点工业城市之一，在“一五”“二五”期间发展起来的湘电、江南、江麓等装备制造企业已成为工业经济发展龙头，在国内同行业中有着重要位置。经过多年的发展，全市形成了中高端工程机械装备、清洁能源和新能源汽车、大型冶金矿山装备、高档数控装备、高端轨道交通装备、船舶装备等具有比较优势的产业领域。2018 年，湘潭市出台了“智造谷”产业发展规划，实施创新引领“四个 10”重大科技专项，完成发明专利申请 2800 件，同比增长 30%。

（二）新材料产业

主要布局在长株潭地区以及岳阳、衡阳、郴州等地。新材料产业一直是湖南省高新技术产业发展规划中的重点领域，在推进湖南新型工业化进程中，省委、省政府把新材料产业发展摆在更加重要的位置，促进全省新材料产业化规模和应用水平不断提高，逐步形成了一个布局合理、技术先进、具有技术创新能力的新材料产业体系，全省新材料产业总产值、增加值、利税额、出口创汇四项指标增长速度远高于全省高新技术产业平均水平。2018 年，湖南新材料产业增加值超过 1000 亿元，位居全国第一方阵。湖南省新材料产业关联度较高，产业集聚程度高，拥有一

批龙头企业和拳头产品。在产业结构体系方面，形成了具有资源、技术、产业聚集优势和市场需求旺盛的五大优势产业。一是先进储能材料，以科力远、瑞翔新材等企业为代表；二是先进硬质材料，以株硬集团、金瑞科技等龙头企业为代表；三是先进复合材料，以博云新材、时代新材等企业为代表；四是新金属材料，以有色控股、华菱集团等企业为代表；五是化工新材料，以巴陵石化、湖南海利等企业为代表。

长沙市新材料产业目前形成了先进储能材料、先进复合材料、金属新材料、先进硬质材料四大特色优势的新材料产业集群，先进储能材料、先进硬质材料在全国处于领先地位，先进复合材料、金属新材料进入全国第一方阵。其中，先进储能材料及应用是长沙高新技术产业中最具技术优势、产业聚集度较高、发展前景良好的战略性新兴产业。以储能材料为代表的新材料产业在承接珠三角的产业转移，参与国际分工、合作和竞争的过程中脱颖而出，成为国家级先进储能材料研发机构最为集中的地区。

湘潭市以湘钢为龙头的新材料产业发展迅速，主要包括先进储能材料、先进硬质材料、先进复合材料、新型合金材料、先进陶瓷材料、化工新材料等。湘钢生产的用于海洋工程的高档船舶钢在新材料产业中占有重要地位。另外，湖南科源科技化工有限公司、湘潭市金科实业有限公司、湘潭市华业电解锰有限公司、湘潭进新锰业有限公

司、湘潭市鑫湘锰业有限责任公司等在新材料生产方面均有一定规模和优势。2018 年第一季度，湘潭市新材料产业实现工业增加值 23.5 亿元，同比增长 10.6%。

郴州市“十三五”期间重点发展了先进储能材料、先进复合材料、高性能金属结构材料、先进硬质材料、基础原材料、稀土材料及化工材料六大领域。以郴州有色金属和稀土资源为依托，重点开发了有色金属催化剂、添加剂、超导材料、铝镁合金材料、抗菌材料、电子银浆、银基触头材料和银基钎料等有色新材料；以石墨资源为依托，重点开发了以锂电池负极材料为代表的先进储能材料。

（三）资源与环境产业

湖南省资源与环境产业主要集中在长沙、郴州、衡阳、湘潭、岳阳 5 市，大型生态环保企业主要分布在长株潭城市群，拥有长沙高新技术产业开发区、长沙经济技术开发区、株洲清水塘循环经济工业园等园区。生态环保设备制造企业和服务企业主要集中于长沙，资源利用企业主要分布在郴州、汨罗和衡阳。湖南拥有中南大学、湖南大学、湘潭大学、长沙理工大学、长沙矿冶研究院、湖南省环境保护科学研究院等一批从事生态环保技术的研究单位；拥有 6 个省部级重点实验室、5 个省部级工程技术研究中心等一批科技创新平台。初步形成了株冶集团和汨

罗、永兴、郴州“一企三园”有色金属循环经济产业，其中株冶集团和汨罗、永兴已列入国家循环经济试点。

长沙市现有的生态环保生产、研发与服务型企业基本覆盖了资源与环境产业全领域，初步形成了掌握核心技术、自主研发生产、规模逐渐扩大、涉及领域不断延伸、技术水平逐步提高的发展态势，形成了一定的产业基础，太阳能电池装备制造技术、兆瓦级直驱永磁发电装备制造技术、能量计量及智能电网设备制造技术等国内领先。下阶段，将通过支持重点企业成套装备及配套设备、关键共性技术的推广应用，以及引导和鼓励企业运用新工艺、新技术，提升装备水平等手段，多措并举，推动资源与环境产业进一步做大做强。

“十三五”期间，湘潭市资源与环境产业各项经济指标保持高速增长，以湘电集团有限公司为龙头企业的生态环保产业，近年来着力打造五大电机的研制、开发和产业化项目，已经完全掌握了全容量变频调速电机、变级变速电机和稀土永磁无刷直流电机的生产技术。同时，依托自身强大的电动机开发实力，进一步推动全容量变频调速电机、变级变速电机和稀土永磁无刷直流电机的全产业链建设进程。

（四）电子信息产业

湖南的电子信息产业主要集中在数字化整机、软件和

集成电路两大领域，主要布局在长沙、湘潭、郴州、常德等地。湖南省电子信息产业的发展大致经历了三个阶段：1978年以前的起步阶段；1978~1992年的逐渐成形和缓慢发展阶段；1992年以后的较快发展阶段。“十一五”以后，湖南围绕“抓大项目、扶小巨人、促信息化”的总体思路，着力培育产业集群，积极承接产业转移，加快推进重大项目建设，优化调整产业布局，大力推进“两化融合”，产业规模、产业结构、技术水平大幅提升。2018年，湖南省电子信息制造业实现主营业务收入2169.9亿元，同比增长11.4%，呈现快速增长态势。其中，太阳能电池制造装备居全国第一，产业链全线拉通，产业布局基本完成；软件产业连续7年位居中部六省第一，嵌入式软件迅速崛起，行业应用软件优势特色明显，软件服务外包迅速成长，数字媒体、数字出版、动漫与网络游戏、创意制作等产业全国领先。

长沙市电子信息产业进入21世纪后保持了高速发展态势，电子信息产业在软件、信息基础类产品技术、信息制造类产品技术等方面在全国具有一定优势，部分领域达到国际、国内领先水平。在空间分布上形成了长沙高新区、浏阳经开区、长沙经开区三大产业集聚区，构建了电子信息制造业、太阳能光伏产业、软件产业、信息服务业四大优势板块。下一阶段，将围绕“互联网+”行动计划，充分发挥电子信息产业基础较好、优势突出、技术领

先等优势，将电子信息产业打造成长沙经济新的增长点和未来主要驱动力。

“十一五”以后，湘潭市委、市政府将电子信息产业作为优先发展的四大战略性产业之一，积极承接产业转移，加快推进重大项目建设，着力培育产业集群，优化调整产业布局，大力推进“两化融合”，产业规模大幅提升，电子元器件产业快速发展，软件产业稳步发展。以万英科技、世通电气等为代表的生产各种嵌入式控制系统和装备的软件产业迅速崛起，行业应用软件优势特色明显。九华示范区省级电子信息产业园、湘潭高新区国家火炬创新创业园 LED 基地等电子信息产业园区，基础设施和配套环境进一步完善，正在形成产业整合、产业链带动、产业集群发展的洼地。

金融危机后，常德市委、市政府紧跟中央部署，做出加快发展电子信息产业的战略决策。2008 年 12 月，经湖南省政府批准，常德经开区组建了电子信息产业园，同时也是湖南首批省级电子信息产业园，重点引进电子元器件制造、电子产品开发、电力电器成套装备制造等项目。近年来，常德经开区加快实施园区“3 + 2”产业发展规划，把发展电子信息产业集群作为转变经济增长方式、推动经济高质量发展的重要举措来抓。2019 年 4 月，常德经开区启动德山信息港项目，按智能化管理标准，通过互联网、物联网等信息化手段，着力推动数字化、智慧化园区

建设，为创业者“搭窝筑巢”，奏响“引企、孵企、留企”三部曲。现有的零散的、非电子信息产业的企业将逐步迁出电子企业园区，腾出更多产业用地，为电子信息新技术龙头型企业、创新型瞪羚企业的发展留足空间，实现自身产业的升级。

（五）生物与新医药产业

布局在全省大部分市州。2005 年以后，湖南以产业基地为依托，以培育龙头骨干企业为突破口，做强现代中药、化学药、生物制品等产业，加快全省生物与新医药产业集约、集聚发展，培育了一批销售收入过亿元的重大品种，形成了一批产值过十亿元的骨干企业。“隆平高科”杂交水稻辐射全球，“千金”成为国内妇科用药第一品牌。目前，湖南在高端原料药、药用辅料、诊断试剂、遗传医学、基因工程药物、干细胞等领域均保持国内领先优势。2018 年，生物与新医药产业增加值超过 1000 亿元。

生物医药产业一直是长沙工业的支柱产业，先后培育和引进了九芝堂、九典、安邦等一大批市场前景好、科技含量高、发展后劲足的成长型企业，浏阳经开区、长沙高新区、金霞经济开发区成为主要集聚区，产业承载能力较强。长沙市现有生物医药规模以上企业 110 余家，获批的国产药品达 1422 个。2017 年，长沙医药制造业规上产值达到 578 亿元，2018 年超 700 亿元，产业链条逐步健全，

产业服务日益完善。下一阶段，长沙将充分发挥在资源、人才、技术、政策等方面的比较优势，通过技术创新助推企业成长壮大，为医药产业发展注入“核动力”。

湘潭市 2018 年食品医药产业实现增加值同比增长 12.8%，实施了北大未名生物医学创新示范园、恒大养生谷、湖南健康产业园医学医疗医药创新中心等 12 个重点项目。湘潭湖南晓华生物科技有限公司的除虫菊杀虫剂生产技术已申请了世界专利，是取代对人高毒的甲胺磷农药的最佳新产品。全市有湖南绅泰春药业有限公司、湖南富兴飞鸽药业有限公司、湖南康普药业一笑堂制药有限公司等中成药生产企业，不同比例地生产了保健性中成药。

（六）新能源及节能产业

主要布局在长株潭、益阳、娄底、怀化等地。“十一五”以后，湖南省新能源及节能产业得到长足发展，在资源、装备制造、科研开发等方面具备了一定的基础和优势。培育形成了中电科技 48 所、湘电集团、南车时代电气、南车电机等一批核心骨干企业。太阳能电池制造装备居全国第一，产业链全线拉通，2 兆瓦以上风机产能及配套能力全国第一，有国内唯一掌握整机控制系统的厂商，也有我国南部最大的叶片产业化基地。特高压输变电、智能配电和用电优势明显，特高压电抗器、变压器、开关设备、智能电表终端等产品居国内领先水平。

长沙市历来重视绿色发展，近年来在新能源领域动作不断，为推动新能源汽车的普及化出台了专门的政策，加快引进新能源新材料产业项目，强化基础设施与平台建设，着力延伸产业链条和打造产业集群，营造产业发展的优质环境。2018 年 2 月，总投资 200 亿元的“杉杉能源 10 万吨锂电动力电池材料长沙基地”举行开工仪式，这也被称为长沙“产业项目建设推进年”开局之年的开局之作。2018 年 8 月 7 日，宁乡经开区与湖南世冠汽车有限公司签署协议，世冠汽车总部、研发及生产基地项目落户长沙。

株洲市目前形成了兆瓦级风力发电机组制造和电机主轴承零部件配套较为完整的产业体系，太阳能、生物质能、地热能等其他新能源装备及零部件制造业发展迈上新台阶，主要集中在江南机器、湘潭电化集团等省内外具有较高知名度企业和湖南纯英等正在迅速壮大的企业。2013 年，株洲完成了《株洲市新能源示范城市发展规划》的编制并最终跻身全国首批 81 个创建新能源示范城市（另有 8 个新能源示范产业园区）行列。2018 年，出台了《株洲市新能源产业发展规划（2018 - 2022 年）》，未来 5 年重点围绕风电、太阳能、抽水蓄能、生物质能、地热能、氢能等新能源发展产业。预计到 2020 年，株洲的新能源产业产值将达到 265 亿元，预计 2025 年达到 1000 亿元工业总产值，形成千亿新能源产业集群。

为加快新材料新能源产业发展，永州市委、市政府把该产业作为永州市新确立的七大主导产业之一，作为“兴工强市”、加速推进新型工业化的主导力量来抓。“十三五”期间，永州市在新材料新能源产业的研发和项目建设上重点培育发展了3个以上销售收入超100亿元的龙头企业，建成若干主业突出、产业配套齐全、年产值超过100亿元的新材料新能源产业基地和产业集群。2018年，永州市道县与湖南博世达新能源汽车生产项目签约，总投资20亿元，主要负责电动汽车、电动车、电动汽车驱动电机控制系统的生产，电动车、汽车零配件的销售，新能源汽车充电桩的建设、运营及技术服务，汽车零部件及配件制造（不含汽车发动机制造），汽车租赁等，将形成新能源汽车完整产业链。

三　湖南高新技术产业进一步发展的思路

加快推进湖南高新技术产业发展，需要在全省和各市州政府的大力支持下，进一步明确高新技术产业的战略性地位，进一步优化区域、园区布局和产业结构，避免同质化竞争，进一步形成产业链上中下游配套协作、融合发展的局面，进一步完善资金、人才、土地、平台等要素供应，实现高新技术产业的高层次、高质量、高效益发展。

（一）先进装备制造产业

长沙市要加强先进装备制造业的技术集成创新，继续发挥全国装备制造产业重要基地作用，保持工程机械、电力装备等传统产品在全国的领先地位，抢抓机遇发展新材料装备、电子信息装备、新能源装备、高效节能环保装备、航空航天装备、轨道交通装备、工业机器人、3D打印等新兴装备制造产业。重点掌握智能化工程机械、高端轨道交通装备、通用飞机及关键系统、新能源汽车、高档数控机床、大型矿山特种运输设备等产品的核心技术和系统集成技术，争取产品研发和制造技术达到国际先进水平。

株洲市要依托高新区田心高科园、河西示范区、荷塘工业集中区，重点支持南车株机、南车株所、南车电机、联诚集团，全力实施轨道交通战略性新兴产业集聚发展试点工程，打造轨道交通装备千亿产业集群，建设轨道科技城，建成世界一流水平的轨道交通装备研发中心和制造基地。依托高新区河西示范园、醴陵经开区、渌口经开区，以北汽、南车时代电动、株齿等企业为核心，大力发展汽车及零部件制造、新能源汽车、汽车博览及运动休闲业，建设中部地区具有重要影响力的新能源汽车生产及示范运营基地，打造汽车及零部件千亿级产业。

郴州市先进装备制造产业要做大做强以中高端工程机械装备、新能源汽车及汽车新品种、高档数控装备、乘用

电梯、粮油机械等为发展重点的装备制造业。重点支持三一重工（安仁工业园）、奥美森（产业园）、富士电梯、巨人数控机床有限公司、湘南数控设备有限公司、大爱数控设备有限公司、利民数控机床有限公司、首创机械、郴州粮机等龙头企业发展，积极引进新能源汽车和载重汽车等国内外其他先进装备制造企业新投资项目落户郴州，加快实施先进装备制造基地建设。

永州市先进装备制造业要高度重视汽车制造业发展，重点实施整车带动战略，提升产业创新能力和水平，大力推进汽车零配件产业本土化，加快市内配套产业链发展，推动市内各类零部件生产企业进入国内主要汽车企业的协作配套体系。做强水力发电设备和特色机械制造业，推动产业走向国际化。重点支持猎豹汽车及其配套企业、建华精密仪器、跃进机械、祁阳科力尔电机、恒远发电设备等骨干企业发展壮大，加快实施特色机械制造产业园建设。

邵阳市要突出发展有比较优势的装备制造业（工程搅拌车、纺织机械、水轮发电机、工程液压基础件），巩固发展传统汽车零部件、五金工具、建筑工具，培育发展为装备制造业配套的上下游生产、服务企业，打造出一个产值过 500 亿元的实际意义上的产业集群。

（二）新材料产业

长沙市要以专业化园区为核心，将长沙高新技术产业

开发区、宁乡经济技术开发区打造成先进储能、复合材料、新型金属材料产业基地，新型建筑材料产业基地，将望城经济技术开发区打造成有色金属材料深加工基地，将金洲新区工业集中区打造成节能环保新材料产业基地。在重点发展产业上，一是电动汽车用大功率动力电池能量包及关键材料、动力型超级铅酸电池材料、超级电容器材料，全钒液流电池、燃料电池等储能器件及关键材料。二是复合材料关键原辅材料、高性能炭/炭复合材料、高档聚晶金刚石复合片、高性能纤维/高分子复合材料。三是铝、钛等高性能有色金属结构材料、高品质板带箔、大规格板材和型材、超细（粗）晶硬质合金、新型超硬材料工具等高端产品。

株洲市新材料千亿产业要以株硬集团、时代新材、旗滨集团和株冶集团等企业为龙头，以一批国家级研发平台为支撑，以发展先进硬质材料、高分子复合材料、光伏材料和有色金属新材料为方向，建设具有国际先进水平的新材料产业基地。

郴州市新材料产业要重点发展先进储能材料、先进复合材料、高性能金属结构材料、先进硬质材料、基础原材料、稀土材料及化工材料六大领域。加快郴州市矿业开采及精深加工建设，以郴州有色金属和稀土资源为依托，重点开发有色金属催化剂、添加剂、超导材料、铝镁合金材料、抗菌材料、电子银浆、银基触头材料和银基钎料等有

色新材料。着力打造以有色金属产业园区及相关开发园区为核心的有色新材料基地，以杉杉新材料有限公司锂电池负极材料生产项目为核心的先进储能材料基地。

怀化市新材料产业要以金属新材料、化工新材料、储能新材料为重点，培育一批新材料核心企业，建成湖南重要的新材料生产基地。依托辰州矿业、新晃合创、新中化工等优势企业和矿产资源，引入一批战略性投资者，开展精细分离、资源综合利用、盐化工、新型建筑材料等技术攻关，推进华洋有色冶金环保产业园、中德合资镁合金新材料、会同新能源新材料系列产品等项目建设，延长黄金、锰、锑、氯碱化工和钡、汞化合物等产业链，形成高附加值的新材料产业。

（三）资源与环境产业

郴州市资源与环境产业要重点发展节能技术装备和节能服务、资源循环利用产业、环境污染控制装备和环境服务产业三大领域。重点实施工业节能、建筑和生活节能、固体废物综合利用、“城市矿山”、绿色再制造、重点行业污染治理、农村环境综合整治、节能环保产业培育八大工程。大力发展循环经济，着力提升资源综合利用产业，提高冶炼废渣、尾矿、农林废弃物综合利用率，初步形成矿山采矿、冶炼行业减量化、资源化、再利用的经济发展模式。突出环境治理，大力发展“三废”治理产业和环

境服务业；以工业余热利用和热电联产项目为开发重点，实施电机节能工程、锅炉综合节能改造、余热回收节能技改等节能工程，加大推广节能设备的使用。培育一批具有核心竞争力的资源综合利用大型企业，发展一批拥有技术特色优势、为大型企业进行专业化配套服务的小型环保企业。着重把郴州有色金属产业园和永兴循环经济示范园建设成为环保产业基地，重点支持宇腾有色、金贵银业、永兴元泰、桂阳银星等资源综合利用型和环境友好型企业发展。

岳阳市资源与环境产业要从传统的废旧有色金属回收转变成回收利用、加工再制造，进一步实现产业发展转型升级。研发和引进新型环保分选、冶炼及再制造技术、电子垃圾回收技术和工业废渣综合回收利用技术，提升传统简单废旧物资回收利用水平。开发有色金属高附加值产品，延长产业链，实现回收网络化、分拣智能化、加工规模化、出园成品化、再生制造化、产品标准化、产业链条化、业态无害化的“八化”目标。

怀化市资源与环境产业要重点发展高效节能、先进环保和资源循环利用关键技术装备及系统，促进传统产业升级转型。重点发展醇基汽油、铅炭电池、风力发电、风光互补发电、LED 节能照明灯等新能源产品，推广节能新技术，支持重点耗能单位进行节能技术改造。以工业余热利用和热电联产项目为开发重点，实施电机节能工程、锅

炉综合节能改造、余热回收节能技改等节能技术示范工程。加快开发和应用重金属污染综合治理、清洁生产与循环经济、生态恢复等关键技术。引进资源综合回收利用设备、水污染和固体废弃物处理设备，着力做大做强资源综合利用产业，提高冶炼废渣、尾矿以及农林废弃物综合利用率。

（四）电子信息产业

长沙市电子信息产业集群要以先进电子信息产品制造为基础，以软件服务及网络经济为重点，以物联网、三网融合、云计算、地理信息等应用为新的增长点，重点发展移动终端、商用电子、通信、卫星导航等产品。河东的电子信息产业集群主要打造手机及零部件完整产业链和汽车电子等产业链配套环节；河西的电子信息产业集群重点打造移动互联网、北斗导航等新兴产业。大力发展消费类电子整机等电子信息制造类产业、软件产业及信息技术服务类产业和动漫游戏产业等信息文化创意内容产业，着力发展辐射力强、集聚效应明显、具有比较优势的产业领域。

株洲市电子信息产业要推进 IGBT 产业化及应用，重点发展新型电子元器件、应用电子、工业控制系统、嵌入式软件，积极培育移动互联网、物联网、云计算、智能终端等新一代信息技术产业。重点建设好微软创新中心和大汉惠普信息产业园。

郴州市电子信息产业要重点培育消费类电子整机、新一代信息网络终端、太阳能光伏和LED照明、新型显示器件和电子材料等产业集群。大力支持具有自主知识产权、掌握核心技术的消费类电子整机、高性能计算机、新一代信息网络终端产品发展。支持高品质、规模化的LED外延/芯片产业化和关键设备、材料研发。支持TFT－LCD、OLED等新型显示面板、模组、整机及背光源、玻璃基板等关键配套材料和专业设备的研发及产业化。加快重点领域工业软件研发和应用，大力发展嵌入式软件、工业行业应用软件，打造郴州面向智能交通、智能电网的嵌入式软件和工业应用软件产业链。大力培育软件龙头企业，鼓励发展软件和信息服务业新型业态，大力发展互联网经济和电子商务，加快发展数字内容产业，促进信息服务业发展。

永州市电子信息产业要依托现有信息产业发展基础，以优势产品为突破口，以信息基础设施建设为保障，持续提升企业自主创新能力，大力培育本土自主品牌，实现产业结构优化。加快推进信息基础设施建设，促进“三网融合”，扶持并做大做强通信业；依托园区平台，围绕智能化仪器仪表、新型电子元器件、光电显示、半导体照明等优势产业，完善产业链条，发展壮大电子信息产品制造业，重点支持达福鑫电子、台湾高科技产业园等发展；鼓励发展与工业企业经营发展相配套的现代物流、电子商

务、咨询中介等生产性服务业，大力培育和发展本地软件和信息服务业。

怀化市要建立电子信息产业专业园区，制定地方电子信息产业发展优惠政策，做大做强现有的变压器、LED节能灯及电线电缆、电子元器件等规模电子信息制造业。加大招商引资力度，力争引入电子信息产业的龙头企业。加快发展移动电子商务、信息服务外包、物流信息服务等新型信息服务业。

（五）生物与新医药产业

长沙市生物医药产业重点布局在浏阳经济技术开发区和长沙高新技术产业开发区。未来发展重点：一是中成药、植物提取物超微饮片等现代中药；新型复方制剂、新型药用辅料、化学制剂等化学药；基因药物、流感等新型疫苗、免疫蛋白、干细胞产品等生物制品。二是数字化、网络化医疗设备和系统集成；生物医学材料；体外诊断试剂；自动化制药设备等产品。三是多抗、高档、高产的优质稻和超级杂交稻，油料作物育种，多抗及优质棉等优良品种，畜牧水产、微生物、花卉苗木等生物育种；生物农药、生物肥料、动物疫苗、生物饲料添加剂、植物生长调节剂等。

郴州市生物医药产业要重点发展现代中药、化学药物、生物制品、医疗器械及制药机械四大领域。现代中药

重点发展治疗妇科、消化类疾病及肝炎等中成药，超微饮片等中药饮片，名贵、珍稀药材规范化种植，中药提取物和中药功能性食品。化学药物重点发展抗感染、抗肿瘤、心脑血管化学原料药，关键中间体，新型化学药物制剂，制剂用辅料及附加剂等。生物制品重点发展预防用生物制品、诊疗用生物制品、由生物体组织或体液制备的生物制品。医疗器械及制药机械重点发展重大疾病急救、诊疗、康复类的数字化医疗设备，慢性代谢性疾病等体外诊断试剂以及血液筛查核酸类试剂，生物医学材料，全自动、联动、组合制药生产工艺设备。引进一批生物工程、医药生产企业和研发机构，扶持三九南开、大成制药、阳普医疗等一批龙头企业，引导现有制药企业在郴州设立研发中心和中试基地，形成生物医药产业集群。

永州市生物医药产业要抢抓新医改持续推进带来的发展机遇，提升企业内部研制能力，加快突破企业研制新药重大关键技术和工艺，培育全国领先的重大创新品种，打造在全国具有一定影响力的生物医药产业基地。重点发展生物医药和中药提取两大领域，做大做强希尔、恒伟、时代阳光、大自然、康都等制药企业。

邵阳市生物医药产业要重点发展现代中药、化学药。现代中药围绕新药开发和质量控制技术瓶颈，突出两大主攻方向：一是治疗妇科、心脑血管、新发突发传染病、消化系统等疾病和功能保健、补益等新产品；二是安全有

效、质量可控的关键技术开发和示范应用。中药饮片和提取物围绕产品质量标准化和药材深度开发，突出三大主攻方向：一是药材基地化、工艺规范化、包装规格化的超微饮片；二是品种道地、包装精细、规格明确的中药精制饮片；三是以下游大宗产品为依托的提取物。

怀化市生物医药产业要以医疗器械、医药物流等为重点形成产业链延伸的产业体系，全力打造具有较强区域带动作用及影响力的生物医药创新型产业集群。围绕茯苓、鱼腥草等道地珍稀中药材栽培和开发，联合国家、省、市龙头医药企业和科技型农业企业，开展中药材质量控制关键技术研究与质量标准制定，开展保健品、功能食品开发研究，形成以科技型龙头企业为主导的产业链，提升产业整体技术水平和竞争力。

张家界市生物医药产业要进一步加强五倍子、杜仲、葛根、茅岩莓、魔芋等药用植物的深度研发，改变目前初级加工现状，提高产品附加值，延长产业链条，增强市场竞争力。在市科技工业园建立茅岩莓牙膏、娃娃鱼蛋白多肽等产品生产线。鼓励支持奥威科技、恒兴生物、湘汇生物等生物医药企业做大做强，形成生物医药产业集群。

（六）新能源及节能产业

长沙市要重点建设新能源和节能环保产业聚集区、科技创新平台和龙头骨干企业，力争突破产业发展瓶颈，把

长沙建成中部最具竞争力的新能源和节能环保产业基地。未来发展重点：一是太阳能电池制造装备、太阳能电池片及组件、碟式太阳能热发电机、太阳能LED供电照明系统、太阳能光伏建筑一体化，开发太阳能热水器等高效太阳能应用产品；清洁生产生物柴油、沼气发电、小型地源热泵机组、空气能热水机组；智能电网设备及并网服务、并网储能系统。二是高效节能电机及拖动设备、高效层燃炉、生物质锅炉；节能型照明产品和建材、建筑节能一体化等产品；再生资源制品、再制造产品、有机废弃物资源化产品；城市环卫等技术装备与服务。

郴州市新能源及节能产业要以风能、太阳能利用为核心，以生物质能、地热能利用为重点，以智能电网建设为支撑，着力把郴州建设成为湘南重要的新能源基地。充分利用国家对新能源产业的支持政策，加快风能、太阳能、生物质能、地热能和其他新能源的开发利用和智能电网建设，逐步实现碳基能源向新能源转化。重点支持宜章县太平里、仰天湖风电场等一批重点风电项目建设。

永州市新能源及节能产业要以新能源装备高端制造带动新能源开发应用，加快以风能、水能、太阳能为核心，核能、生物质能为重点的新能源的开发利用。以高性能材料为重点，大力培育发展绿色环保新型建筑材料、信息功能材料、稀土照明、催化、复合、环境净化等新材料，努力把新能源、新材料产业培育成为永州新的工业增长极。

重点支持光伏、风电、生物质发电等新能源产业做大做强。

怀化市要围绕建设重要的新能源基地，开展水电提质挖潜，鼓励发展风电、生物质能发电，推进石煤发电综合利用，发展智能电网，构建新能源生产体系。

张家界市清洁能源产业要加快澧（溇）水流域已规划水电站项目的进度。开发永定区崇山、七星山，慈利县五雷山、道人山，桑植县南滩等地的风力发电和生物质能源项目。加强慈利县、桑植县页岩气开发，启动桑植县天然气勘探前期工作。

四 湖南高新技术产业发展的对策与保障

推进湖南高新技术产业发展，要强化顶层设计，高规格编制产业发展规划；要强化政策保障，着力解决资金、人才等生产要素不足、不优的问题；要加快管理体制的改革创新，理顺产业发展中政府和政府、政府和园区、园区和企业以及企业和企业之间的关系，突出解决管理中的“肠梗阻”与“关键点”，实现高新技术产业的更好更快发展。

（一）推进规划保障

规划是科学发展的龙头和灵魂，是跨越发展的生产力和竞争力。

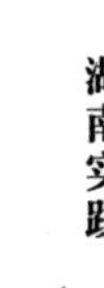

1. 做好产业总体规划

邀请高水平的专家学者参加规划编制，高水平的设计单位参与规划设计，做到好中选优、优中选强，不断提升规划编制水平，实现产业发展“10 年不落后，20 年不后悔”。

2. 明确产业布局与发展定位

建议由湖南省发改委会同各市州发改委编制实施高新技术产业发展中长期规划，在规划中明确各市州和县（市、区）的产业功能定位和发展布局，最大限度避免产业的同质化竞争和低水平重复发展，着力实现基于产业链的协同发展和分工协作，实施全域产业发展“一盘棋”。

3. 坚持“多规衔接”

要主动对接上位规划，实现与上位规划无缝衔接，在更大范围、以更宽视野定位发展，在更高层面、以更多资源推动发展；要强化本级规划衔接，确保总体目标指向一致、空间配置相互协调、时序安排科学有序；要健全规划衔接机制，建立由同级规划主管部门统筹协调涉及空间的各专业、专项规划编制的机制。

（二）推进政策保障

要研究制定包括投资、财税、产业等方面的配套支持政策，同时积极争取国家、省在政策实施等方面给予高新技术产业的倾斜和支持。

1. 投资政策

争取国家和湖南在规划编制、产业布局、项目安排及投资安排、资金补助等方面对重点产业区域给予倾斜和支持。重点支持承接产业转移的平台建设，完善基础设施，引导产业项目有序承接和产业结构优化。

2. 财税政策

加大财政转移支付力度，支持重点产业区域和重点园区加强基础设施和生态建设。加大财税扶持力度，对重点企业，切实落实好税法、海关法规定的各项税收与监管优惠政策，支持中小企业提高技术创新能力和产品质量，对高新技术和节能环保、资源循环利用企业落实各项优惠和鼓励政策。

3. 产业政策

按照国家产业政策和“两型社会”建设要求，高标准制定产业结构调整指导目录、招商引资产业指导目录，强化对产业转移的引导和支持。争取省里适当降低鼓励类产业门槛，适当下放核准权限。鼓励根据产业发展和自主创业的需要，设立产业投资基金和创业投资基金。

（三）推进要素保障

1. 保障信息网络发展

要以“互联网 +”持续推进为契机，充分发挥互联网在生产要素配置中的优化和集成作用，将互联网的创新

成果深度融合于新兴产业发展之中，推进工业化和信息化的高度融合，提升实体经济的创新力和生产力，形成更广泛的以互联网为基础设施和实现工具的经济发展新业态。

2. 保障产业项目用地

要严格执行国家土地管理政策，在确保区域耕地总量动态平衡的前提下，探索新增建设用地指标有偿调剂使用制度。统筹产业集中区和产业园区的用地需求，并纳入当地土地利用总体规划安排，对工业园区建设用地实行单列和工业用地预留制度。加大土地复垦力度，加强耕地资源保护，防止在承接产业转移中侵占基本农田。

3. 保障水电供给

要创建节水型社会，编制实施水资源综合利用规划，加强水功能区管理，实行区域总量控制和定额管理相结合的用水管理制度。积极探索电价形成机制，实施工业用电阶梯价格制度，完善差别电价政策。继续深化水价改革，在有条件的地方探索实施工业用水阶梯价格制度，推行工业节水与工业水价综合改革。

4. 保障交通通畅

要加大立体综合交通体系的建设力度，加快建设以“三纵四横”铁路网、“五纵七横”高速公路网为主的对外大通道网络，以结构性主干道、城际快线、城镇干线路网和园区联结路网组成的循环网络，支持发展公路、铁路等多形式联运。完善水上交通安全救援基地和通信指挥系

统，疏浚改造便江航道，进一步提高内河船舶的通行能力。

5. 保障融资便捷

要鼓励和引导金融机构对符合国家和湖南产业政策与节能环保要求的企业加大信贷投放力度，简化贷款审批流程，提高贷款审批效率。支持企业以股权融资和项目融资等方式筹集资金，支持符合条件的企业发行企业债券和短期融资券。支持重点产业布局区域依法设立各类股权投资机构，促进创业投资企业发展。鼓励各类信用担保机构为创新型企业提供信用担保，完善信用担保体系，缓解企业融资难题。

6. 保障人力支持

要创新人才引进、使用、激励和服务保障机制，鼓励各类高层次人才创业和落户。深入推进企业与职业院校合作办学，依托高校、科研院所和骨干企业，建立人力资源培训基地，增强人才培养多边合作活力。积极推行名师带徒制度，创建“技能名师工作室”“名师工作站”“高技能人才工作站”，提高企业技能人才整体水平。放宽城镇户籍限制，积极支持符合条件的农村劳动力在城镇转移就业和返乡创业。

（四）推进体制机制创新

1. 深化行政管理体制改革

要转变政府职能，减少行政审批事项，简化办事程序，

规范政府行为，提高服务效率。进一步整合、明晰部门职能，理顺海关、检验检疫等垂直管理部门与地方政府权责关系，形成促进产业开放和招商引资合力。全面推进政企、政资、政事、政府和中介组织分开，加快政府管理创新步伐。避免重复、多头检查，制止乱摊派、乱收费行为。

2. 创新产业园区管理模式

要深化园区管理体制改革，创新产业园区管理模式，积极推行园区法人资格制度，全面落实工业园区一级国库、集中委托授权等管理权限。倡导并鼓励行政主体、企业业界主体多边合作共建、共管或托建、托管大型产业园区，探索承接产业转移和创新协作的新模式，促进园区基础设施建设和高新技术产业对口转移承接。

3. 完善科技创新服务机制

要围绕产业发展重点，推进技术创新要素支撑体系建设，构建企业主体、市场导向、政府推动、产学研结合的开放型区域创新体系，加快高新技术产业的创新驱动发展。积极引进具有较强创新能力的企业，支持引进企业加快技术创新，在承接地建设产品研发、技术创新基地，持续增强自主创新能力。大力开发应用新产品、新技术，促进转移产业创新升级。深化科研经费管理制度改革，完善科技成果评价奖励等制度。

第五章

“双河长制”生态治理共建共治共享的“永州模式”

2016 年 12 月，中共中央办公厅、国务院办公厅印发了《关于全面推行河长制的意见》，并发出通知，要求全国各地区、各部门结合实际认真贯彻落实，并且把全面推行河长制作为落实绿色发展理念、推进生态文明建设的重要举措。紧跟中央步伐，湖南省委办公厅、省政府办公厅随后印发了《关于全面推行河长制的实施意见》，强调在全省江河湖库全面实行河长制。河长制是推进生态文明建设和水生态环境保护的一项重大制度安排，体现了习近平总书记提出的“山水林田湖”系统治理的重要思想，体现了党中央、国务院确定的以提高环境质量为核心的目标导向，体现了落实生态环境保护“党政同责”“一岗双

责”的责任担当，是有效解决我国复杂水问题、维护河湖健康生命的治本之策。

河长制全面推行后，全国各地都进行了努力探索和实践，基本形成了省、市、县、乡四级河长体系乃至省、市、县、乡、村五级体系，“企业河长”“民间河长”“一河一策”等典型经验和模式不断涌现。其中，湖南省永州市探索形成了“双河长制”生态环境共建共治共享发展模式，其经验值得总结，具有重要的推广复制价值。

一　永州市“双河长制”的发展现状

为积极营造社会各界共同关心、支持、参与和监督河湖保护管理的良好氛围，建立“政府主导、社会监督、公众参与”机制，拓展公众参与领域，规范公众参与程序，建立社会公众监督评价机制，充分动员社会团体、民间组织等力量参与到水环境治理与保护工作中来，凝聚生态文明建设共识与合力，永州市以中央和省政府文件精神为指导，大力推进“双河长制”运行模式，并取得积极成效。

（一）永州市“双河长制”的基本内涵

“双河长制”是指“官方河长” + “民间河长”。在永州市，“官方河长”不仅是政府河长，还有党委的参与，一般是由党委书记任总河长，行政首脑任第一河长，

分管行政领导任副河长，从而形成了“三长治河”的“官方河长”管理体系。“民间河长”是对“官方河长”的有益补充，是对河长制的有效制度创新。从“民间河长”来看，既包括湖南省环保志愿服务联合会相关责任人担任的市级河长，也包括招募的志愿者“民间河长”，“民间河长”在社会组织的参与下，可以成为生态建设的传播员、信息员、监督员、作战员，有助于真正实现河长制的“河长治”。

（二）永州市“双河长制”发展历程

永州市是湖南省第一个率先实行“双河长制”的市州，是湖南省全面推进河长制的创新和突破，采取了“三步走”的模式构建“双河长”制度。

1. 推进“官方河长”体系建设

2017 年 4 月底，永州市出台了《全面推行河长制实施方案》。5 月份召开了高规格的全市全面推行河长制动员大会，8 月初召开了市河长制工作委员会第一次全体成员会议。截至 2018 年底，市、县、乡河长制实施方案已全部出台，在实施方案中，明确了各级河长的权利和义务、工作推进和落实机制、奖惩机制，市、县、乡、村四级河长责任体系已全面建立。

2. 引入“民间河长”管理体系

为全面贯彻中共中央办公厅、国务院办公厅下发的

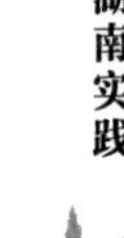

《关于全面推行河长制的意见》，提高永州市民对河湖保护工作的责任感和参与意识，2017 年 9 月 15 日暨清洁地球日，永州市河长制工作委员会办公室、永州市水利局、永州市委宣传部、共青团永州市委、湖南省环保志愿服务联合会共同开展永州市“民间河长”环保志愿服务项目，通过三个渠道来进行“民间河长”招募。一是主办方联合下文进行招募；二是湖南环保联合会动员永州市各地志愿服务组织利用各自渠道进行招募；三是以“市委书记/市长喊你来当河长”为题，在《中国环境报》、《中国青年报》、《湖南日报》、《三湘都市报》、新湖南、华声在线、红网、《永州日报》、永州电视台等主流媒体上进行招募。同时，通过各组织单位的官网、自媒体进行宣传，在社群平台进行传播，共同招募。通过多渠道的共同发力，在社区居民、乡村村民、学校师生、企事业单位员工、公务员和社会组织成员中招募 241 名“民间河长”，形成了以四级河长制为主体，市民参与为辅助的网络化管理格局。

3. 引导“官方河长” + “民间河长”合作发展

出台了《永州市“民间河长”环保志愿服务活动实施方案》等政策文件，启动永州市“民间河长”志愿服务活动项目，建立了“官方河长”与“民间河长”合作交流机制，双河长及其领导成员定期就河湖水污染监测、水污染治理、河道清淤、水生态修复等问题展开协商，共同探讨治理对策。

（三）永州市“双河长制”发展成就

永州市“双河长制”系湖南省首例，通过制度设计等方式推进“双河长”获得积极成效，河道生态环境得到了明显改观。

1. 制度体系基本健全

构建了“115”体系，即1个行动纲领、1个合作协议、5个通知方案的“双河长”管理体系。1个行动纲领即全市全面推行河长制的行动纲领：《永州市全面推行河长制实施方案》，全面建立市、县、乡、村四级河长责任体系，将河长制工作考核纳入市委、市政府综合考核范围和对县（区）党委、政府绩效考核内容中，并明确提出建立河长会议、信息共享、工作督察和河库日常监管巡查等工作制度。1个合作协议即《永州市“民间河长”志愿服务活动项目合作框架协议》：永州市水利局（永州市河长制工作委员会办公室）与湖南省环保志愿服务联合会签订合作协议，明确双方共同组织策划实施永州市“民间河长”志愿服务活动。5个通知方案即《永州市河长制工作委员会关于全面推行“民间河长制”工作的通知》、永州市河长制工作委员会办公室印发的《永州市“民间河长”志愿服务活动实施方案》、《永州市“民间河长”环保志愿服务活动实施方案》、《永州市“民间河长”管理办法》、《永州市“民间河长”招募活动方案》。通过这些政

策文件引导“民间河长”制度的发展与完善。

2. 责任主体基本明确

“官方河长”方面，构建了市、县、乡、村四级河长责任体系，市委书记亲自挂帅，担任第一河长，市长担任总河长，常务副市长、分管水利副市长担任副河长，县、乡、村全部明确了第一河长、河长，全市已明确县级河流共164条，河长公示牌已基本完成。“民间河长”方面，在全市公开选拔241名民间河（库）长，包括已公布的164条河流（库）各1名民间河长，每个县（区）民间河长1名，副河长4名，市级民间总河长、副总河长共7名。“官方河长”与“民间河长”分管领域明晰，权利、义务和责任明确，实现了河（湖、库）水生态治理和维护的共同发力。

3. 问题整改初见成效

在“双河长”机制的领导下，强力推进湘江保护和治理“一号工程”，省级重要饮用水水源地全部为Ⅰ类、Ⅱ类水质，出境水质稳定在Ⅱ类水标准以上。永州中心城区建成区的17个城市黑臭水体整治项目全面启动，2018年全年完成11处城市黑臭水体整治。截至2018年底，中心城区16处饮用水源保护区排污口截污已完成13处，另外3处正在实施截污改造。全市共退养湘江沿岸规模畜禽养殖场87家，900个污水治理重点村已完成203个治理任务，正在实施的有244个；小二型以上水库投肥养鱼的现

象得到一定遏制；退耕还林还湿试点工作稳步推进。实施的4处城镇污水处理设施建设，3处完成并试运行。千吨级航道项目进展顺利，前期工作已基本完成。河道采砂专项整治行动强力推进，共取缔非法采砂、运砂船25艘，取缔非法上砂码头17处。全面清除河道内堆积的废弃物，逐步清理河道管理范围的违法建设，及时打捞河面漂浮垃圾，实现了城区河道无大面积漂浮物，河岸无大堆垃圾的目标。

（四）永州市“双河长制”现实挑战

从调研来看，永州市“双河长”制度也还存在一些问题。一是任务量较大。河长制工作涉及的工作面广、工作量大、政策性强、时间紧、任务重，加上人员不足，给全面推行河长制工作带来很大障碍。二是经费不足。政府并没有给予“民间河长”足额的经费支持，在河道管理、整治和维护上更多的是依靠“民间河长”、志愿者和广大人民群众的积极性，尚没有形成以市场机制为核心的经费筹措和运行机制。三是河长制长效管理机制有待完善。河长制实行“一河一长”工作机制，但是由于河流具有流动性、不稳定性等特点，使河长制管理因河道范围跨区域而造成管理不便，特别是在河道环境治理上，分别治理、分片包干，易治标不治本，不能取得预期效果。四是河长治河的积极性有待提升。河长制是我国河湖水环境管理制度上的重大创新，有效解决了以往河湖治理中的“碎片

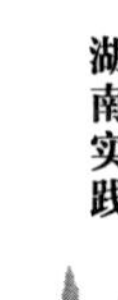

化”和“九龙治水”问题，但是目前来看，河长领导下的涉水各部门的治水动力基本来自河湖治理效果的被动考核，主动性不足。同时，以跨区域生态补偿制度为核心的市场化机制尚没有建立，一定程度上也影响了河湖治理各方的积极性，进而弱化了治理成效。

二　永州市“双河长制”的运行体系

永州市“双河长制”的运行体系包括“官方河长”+“民间河长”运行以及两大河长之间的沟通联络体系。

（一）“官方河长”运行体系

目前，永州市“官方河长”运行体系已经基本健全，明确了实施内容、目标任务以及监督考核办法。

1. 实施内容

将本区域5公里以上河流、5公里以下重要河流和大中小型水库全部列入河长制实施范围，实现了河流和水库全覆盖，并将河长制延伸到村一级。

2. 目标任务

市、县（区）两级方案都涵盖了水资源保护、河库管理保护、水污染防治、水环境治理、水生态修复和执法监管等六大主要任务，具体实施了控制用水总量、提高用水效率、加强水源保护、提高供水保障、加强河库综合整治、

加强河库岸线管理、规范河道采砂管理、强化工业农业农村交通运输等污染防治、加强城市黑臭水体整治、强化行政监管执法、提升动态监测监管水平等23项工作任务。

3. 监督考核

明确了具体职责，划清了职责分工，将河长制工作纳入市委、市政府综合考核，并作为个人年度绩效考核和职位升迁的重要内容，对因工作失误造成水体污染、水环境损害等后果的，严格追究相关人员责任。

（二）“民间河长”运行体系

永州市“民间河长”运行管理体系包括组织机构、运行模式、工作制度以及考核制度。

1. “民间河长”构成

永州市“民间河长”设立市级“民间河长”中心，县（区）级行动中心，乡镇、街道办事处和有条件的村（居）委会、社区可设立“民间河长”行动站。永州市“民间河长”统筹河湖治理和保护行动各项事务，全面掌握河库现状情况及负面清单；协调、指挥各河长队伍开展活动，整治河库；研究重大河库治理要点及对策；对接政府、专家、媒体、社会公众；督查县（区）、乡（镇）各河长工作；定期信息公开；整理资料及向上汇报；承担总督导、总调度职责。县（区）级“民间河长”统筹所在地各河库段工作，全面掌握河库现状情况及负面清单；定

期开展监测、整治、宣传教育等工作；督查乡（镇）河长工作；定期信息公开；研究专项河库治理办法；整理资料及向上汇报。乡（镇）级“民间河长”统筹所在地各河库段工作，全面掌握河库现状情况及负面清单；定期开展监测、整治、宣传教育工作；定期信息公开；整理资料及向上汇报。

2. “民间河长”运行模式

一是建立信息交流平台。设立永州“民间河长”App平台，提交日常监测数据，进行数据运行分析，每月绘制一份河库污染、治理分布情况图表。同时通过App处理模块，连接永州市河长制委员会、各级河长办、各相关职能部门和各级“民间河长”，做到信息共通、资源共享，逐步实现河库网络化管理、信息化监护。二是设立活动日。规定每周六为“民间河长”行动日，由“民间河长”组织和带领有关团队及志愿者开展巡河护河行动；推行“1个河长+1个社区/1个学校/1个志愿者团队”的“1+3”民间河长模式，共同参与河（库）保护。三是落实工作制度。一周一上报：县（区）级、乡（镇）级“民间河长”每周汇总当周工作并逐级提交，遇特殊重大情况时，可直接呈报市级“民间河长”行动机构。一月一统计：在每个月初，县（区）“民间河长”行动机构将所统筹区域的河库情况、行动情况、处理情况、改善情况等统计后上报至市级“民间河长”行动机构；市级“民间河长”

机构通过简报，报送市级河长和成员单位。一月一晒单：市级“民间河长”行动机构在每月收到情况汇总表后进行分析、制表、公布，并在每月第一个工作周通过 App、微信公众号等向市河长办反馈信息，并跟踪问题处理情况。一季一考核：按照管理权限，各级“民间河长”行动机构每季度对下级“民间河长”机构工作进行考核、督查。对综合评分排位后两名的“民间河长”所在河库区域，由市级“民间河长”行动机构委托下级“民间河长”行动机构或派出专人到现场督查，对因主观原因导致工作不力的“民间河长”，予以撤换。一年一评选：根据年度工作计划和考核方案，上一级“民间河长”行动机构对下级“民间河长”行动机构进行考核，上级“民间河长”对下级“民间河长”进行考核，“民间河长”对河库段长、志愿者考核，考核结果由市级“民间河长”行动机构报送市河长办。市河长办对工作成绩突出的团体和个人给予表彰和奖励，奖励资金由市河长办另行拨付。

3. 考核管理

推进“民间河长”的规范运行，各级“民间河长”行动机构、“民间河长”为考核对象，考核重点为阵地与队伍建设、水资源保护、排污口调查与关停、水污染防治、水环境治理、水生态恢复和执法监督、教育宣传及列入年度考核的其他内容。考核分 4 个等级，基本分值为 100 分，考核成绩 90 分以上为优秀，89 ~ 70 分为良好，

69～60 分为合格，60 分以下为不合格。对考核等级为良好及以上的，给予通报奖励，对考核等级为不合格的“民间河长”，责令限期整改，整改无效的予以撤换。考核结果报送市河长办。

（三）“双河长”运行制度

结合生态环境治理需要，永州市注重推进“官方河长”与“民间河长”联动，注重依托“民间河长”调动社会力量，形成“双河长”治水的工作格局。

1. 建立以“官方河长”为主导的工作路径

构建以“官方河长”为主导的“双河长制”工作路径。一是明确“官方河长”工作任务与考核机制，将担子挑起来。明确了“官方河长”6 大任务和 23 项具体任务，并将任务完成情况纳入年底考核，促进任务落实。二是明确“官方河长”对“民间河长”的领导机制，各区县“民间河长”行动中心隶属当地河长办领导，市“民间河长”行动中心给予工作指导。三是明确官方对“民间河长”的支持模式，包括将“民间河长”工作经费纳入财政预算，通过政府购买社会服务、以奖代补等方式支持活动开展。

2. 建立“官方河长”＋“民间河长”的工作路径

“民间河长”是“官方河长”运行的重要补充，一是建立了对等合作的组织机构，与市河长办对应的是永州市

"民间河长"行动中心，与区县河长办对应的是县（区）河长行动中心，与乡河长办对应的是乡（镇）河长行动中心，村级河长行动中心则两者合一。二是建立了"民间河长"参与河库治理机制，全面掌握河库现状情况及负面清单，定期开展监测、整治、宣传教育等活动，协助"官方河长"进行河库滚动治理。三是建立"民间河长"监督"官方河长"工作机制，对河库治理中发现问题的处置情况进行跟踪反馈。

3. 建立以"民间河长"为纽带的社会力量参与环境治理路径

社会力量是河湖水环境治理和保护工作的重要组成部分，在监测预警、信息报送等方面发挥着不可替代的作用。充分发挥"民间河长"作用，全面覆盖和撬动永州市绿色队伍共同参与环保志愿服务活动。一是创新"民间河长"招募机制，通过主办方联合下文通知进行招募、湖南环保联合会动员永州市各地志愿服务组织利用各自渠道进行招募、以"市委书记/市长喊你来当河长"为题组织招募，有效激发了社会活力。二是创新"民间河长"社会力量组织方式，鼓励"1+3""民间河长"团队建设，即"1个河长+1个社区/1个学校/1个志愿者团队"，以"民间河长"为核心，联动河（库）两岸的社区、中小学校、志愿者协会，共同参与到河湖（库）水环境治理和水生态修复当中。

三　永州市“双河长制”的成功经验

永州市按照“守水有责，水安民安”的总体设想，坚持“一河一长、一河一档、一河一策”的工作思路，迅速行动，精准施策，全市水资源环境保护和治理取得新成效。境内省级及以上重要饮用水水源地全部为Ⅰ、Ⅱ类水质，出境水质稳定在Ⅱ类水标准以上，保持了“湘江北去、潇江碧透”的壮美画卷，其成功经验值得推广与借鉴。

（一）创新理念引入“民间河长”

党的十八大以来，以习近平同志为核心的党中央高度重视生态文明建设，将其纳入“五位一体”总体布局和“四个全面”战略布局，总书记就生态文明建设做出了一系列重要指示。党的十九大报告提出要构建共建共治共享社会治理格局。《中共中央关于全面深化改革若干重大问题的决定》也特别强调创新社会治理，要改进社会治理方式。坚持系统治理，加强党委领导，发挥政府主导作用，鼓励和支持社会各方面参与，实现政府治理和社会自我调节、居民自治良性互动，激发社会组织活力。《中共中央国务院关于加快推进生态文明建设的意见》也指出，生态文明建设关系各行各业、千家万户。要充分发挥人民

群众的积极性、主动性、创造性，凝聚民心、集中民智、汇集民力，实现生活方式绿色化。通过典型示范、展览展示、岗位创建等形式，广泛动员全民参与生态文明建设。引导生态文明建设领域各类社会组织健康有序发展，发挥民间组织和志愿者的积极作用。所以，推行“民间河长”模式，是全面推行河长制、保护和治理湘江的重要内容，是加强社会建设、创新社会治理的大胆创新和有益探索，对于切实加强湘江流域水环境保护和生态文明建设具有重要意义。

（二）精准定位“民间河长”在“双河长制”中的地位

湖南省委书记杜家毫在湘江保护和治理委员会 2017 年第一次全体会议上强调，湘江保护治理只有进行时，没有完成时。全面推行“民间河长”、保护和治理好湘江，必须坚持问题导向，聚焦重点领域，发挥“民间河长”传播员、信息员、监督员、作战员的作用。一是生态文明的传播者。党的十九大报告指出，加快生态文明体制改革，建设美丽中国。美丽中国建设需要全方位推进、全人群参与，这就需要提高群众对保护河湖（库）的责任意识和参与意识，营造社会各界共同关心、支持、参与和监督河湖保护管理的良好氛围，“民间河长”来自民间，其“现身说法”更能取得实效。二是生态信息采集者。“民

间河长”基本实现了河湖治理和保护的全覆盖，且在“民间河长”的背后还有千千万万的“河流守护者”，他们散布在每条河流的各个角落，把这些散落在各处的“民间河长”聚集起来的时候，他们就是“千里眼”“顺风耳”，能采集到大量的生态信息。三是生态成果的守护者。“民间河长”对所负责的河湖（库）段内的水域岸线管理、水污染防治、水环境治理都有监督的权利和义务，同时对举报给政府有关部门的破坏或污染行为的处置、处理到位情况也可以进行监督。四是生态建设的参与者。“民间河长”是“河湖的保卫者”，通过制止和举报向河流直排污水、倾倒垃圾、侵占河道、盗采砂石等违法行为，做河库保护的保卫者。“民间河长”是河湖的“美容师”，定期举办河道捡垃圾、植树绿化等活动，有利于河湖实现“河畅、水清、岸绿、景美”。

（三）科学引导形成“双河长制”的共识与合力

全面推行河长制，保护和治理好湘江母亲河，责任重大，使命光荣。应该积极营造政府部门和社会各界共同关心、支持、参与和监督河湖保护管理的良好氛围。建立“政府主导、社会监督、公众参与”机制，拓展公众参与领域，规范公众参与程序，建立社会公众监督评价机制，充分动员社会团体、民间组织等力量参与到水环境治理工作中来，凝聚生态文明建设共识与合力。

1. 加强组织引导

“民间河长”也建立了市、县、乡、村四级体系，各级河长加强对“民间河长”的引导。县（区）负责人对于“民间合作”反映的突出问题要亲自挂帅亲自抓，对于一些重大长远问题，要亲自协调、亲自督办、亲自落实。尤其是触碰红线的事情，例如涉及饮用水源地保护等问题，要敢于动真的、碰硬的、来实的，必须一抓到底。对于一些一时不能解决的问题，需要认真答复，耐心解释，并且要正确引导，统一战线，通过“民间河长”让人民群众看到政府的工作行动和工作成绩。通过“民间河长”带动人民群众参与保护河库的工作，克服环保工作中的困难，形成生态保护的合力。

2. 加大财政支持

各级政府把水环境治理作为公共财政支出的重点，切实加大对“民间河长”的人力、财力、物力投入。各级政府可以采取政府购买、以奖代补等形式，通过财力引导，提升“民间河长”的组织化、专业化、信息化，充分发挥“民间河长”在水资源保护、河库管理保护、水污染防治、水环境治理、水生态修复等方面的作用。同时，把关于“民间河长”的专项经费纳入市县的年度预算，为“民间河长”和民间河湖保护志愿者提供足额经费支持，提升“民间河长”工作的积极性、主动性和创造性。

3. 建立长效机制

制定“民间河长”管理办法，明确各“民间河长”工作范围、职责、工作方法，建立“民间河长”与“官方河长”的互动机制，形成长效机制。为保障“民间河长”环保志愿服务的可持续性，“民间河长”要根据要求发展段长、河流守护者，各级政府、各单位大力支持“民间河长”的“1+3”模式，以此带动更多的人参与河湖的保护。同时，把每周六设立为“民间河长”河长日，每到这一天，“民间河长”发动公众一起开展河流的巡护工作，对“侵占河道、围垦湖泊、超标排污、非法采砂、破坏航道、电毒炸鱼”等问题依法监督，发现问题及时进行拍照取证、记录并通过“民间河长”信息平台进行举报。

四 永州市“双河长制”的主要启示

在推行“双河长制”的进程中，永州市逐步打造形成共建共治共享的发展模式，形成了可供复制推广的经验，对其他地区河湖（库）水环境治理和水生态维护工作提供了启示。

（一）构建“双河长制”共建机制提升治水兴水管水能力

1. 机构共建，打造协同联动的管理机制

出台了《永州市河长制工作委员会关于全面推行

"民间河长"工作的通知》，推动"民间河长"机构的建立。永州市水利局（永州市河长制工作委员会办公室）与湖南省环保志愿服务联合会签订《永州市"民间河长"志愿服务活动项目合作框架协议》，支持并成立"民间河长"工作委员会、"民间河长"行动中心，鼓励"1+3""民间河长"团队建设，即"1个河长+1个社区/1个学校/1个志愿者团队"，以"民间河长"为核心，联动河（库）两岸的社区、中小学校、志愿者协会，形成治水合力。推动官方–民间机构匹配，促进对话交流，永州"官方河长"和"民间河长"均采用了四级河长模式，与市河长办对应的是永州市"民间河长"中心，与区县河长办对应的是县（区）河长行动中心，与乡河长办对应的是乡（镇）河长行动中心，村级河长行动中心则两者合一。健全机构管理机制，各区县"民间河长"行动中心隶属当地河长办领导，市"民间河长"行动中心给予工作指导。

2. 队伍共建，打造共同招募、共同管理的"民间河长"聘管机制

出台了《永州市"民间河长"选拔活动实施方案》等制度，建立渠道互补的"民间河长"招募机制，官方与民间渠道共同发力，通过各地河长办、省环保联合会、张贴"市长喊你来当河长"海报、举办"保护母亲河"科普展、利用有关主流媒体平台等方式进行

招募。建立官方民间双重聘用机制，永州市河长办、市“民间河长”行动中心共同下文聘用通过审核的河长，使“民间河长”也有官方身份。建立各司其职的“民间河长”协同管理机制，永州市财政通过社会购买服务等方式给予“民间河长”一定的经费支持，市“民间河长”行动中心负责信息采集、人员培训等日常管理工作。

3. 阵地共建，打造河长常态化办公的管理机制

制定了《永州市河长制工作委员会关于全面推行“民间河长制”工作的通知》，构建了共同办公机制，“官方河长”“民间河长”办公室均在水利局，各级河长办负责落实“民间河长”行动中心办公场地，配齐电脑、办公桌等办公设备，使“民间河长”也有了稳定“领地”。构建了共巡一条河的工作机制，全市164条河库各明确了1名“官方河长”，1名“民间河长”，每名被聘用的河长都有了自己的“一亩三分地”。

4. 宣传共建，打造共同动员社会力量的推进机制

建立活动共同推进机制，从宣传方案的确定到活动的实施，河长办、水利局以及“民间河长”行动中心均全程参与，共同推进。建立宣传设施共用共管机制，部分宣传用设施以双方名义共同建设，河长办负责统筹各类宣传用设施维护资金，“民间河长”积极参与各类设施维护。

（二）构建“双河长制”共治机制形成协同发力的管理体系

1. 协调联动，建立多主体共同参与机制

健全了党委政府一把手均担任河长的双重领导机制，市、县、乡、村四级河长全部由党委（支部）书记担任第一河长，行政首长担任河长，相关领导担任副河长。健全社会组织协同机制，与湖南省环保志愿服务联合会等公益组织进行深度合作，健全巡查范围－频率－内容－处置－记录的基本流程，建立清单制定－清单分解－清单销号的问题处理机制，明确“官方河长”和“民间河长”的参与环节与工作重点，促进两者相互补充，协调发展。健全公众参与机制，在问题查处等业务板块拓展公众参与领域，规范公众参与程序，建立社会公众监督评价机制，将群众满不满意作为河长制考核的指标内容。

2. 任务分解，建立分工合作管理机制

明确了“官方河长”工作任务，建立了任务到单位到人的责任分工落实机制，明确“官方河长”水资源保护、河库管理保护、水污染防治、水环境治理、水生态修复和涉河库执法监管等 6 大任务 23 项子任务。明确了“民间河长”工作任务，“民间河长”以社会监督人的身份参与治理河道，协助职能部门开展一系列治水的监督工作，一旦发现问题及时与“官方河长”进行衔接和沟通。

建立合作巡查制度，将每周六定为“民间河长”行动日，由“民间河长”组织和带领有关团队和志愿者开展巡河护河行动，“官方河长”须积极参与行动日活动，并可结合挂钩联系河道情况进行不定期巡视。

3. 监督考核，建立双向进入管理机制

出台了《永州市“民间河长”暂行管理办法》，建立联合督察机制，对重要工作事项或突发性事件，由市河长办、市级“民间河长”行动机构组成联合督察组进行督察。建立将“民间河长制”纳入各区县河长制工作考核内容的奖惩机制，落实《2018 年度湖南省河长制工作考核方案》和《2019 年度湖南省河长制考核方案》。开展“民间河长”活动得 2 分，区县若想在考核中获得这 2 分需要“民间河长制”工作领导小组出具证明材料。建立官方参与“民间河长”考核领导机制，市河长办、市“民间河长”行动中心共同对各地“民间河长制”工作实行督导考核，而不是由“民间河长”行动中心一家组织考核。建立“民间河长”对“官方”监督考核的参与机制，通过问题举报、信息反馈等方式，“民间河长”对巡河中发现的问题进行跟踪，对职能部门问题处理情况进行监督。

（三）构建“双河长制”共享机制打造“零距离”互动模式

1. 建平台，构建双向互动信息共享机制

建立了基于“互联网 +”的信息管理机制，构建 PC

端、“民间河长”App平台、微信公众号“三位一体”的河长制管理信息系统，连接永州市河长制委员会、各级河长办、各相关职能部门、各级“民间河长”、社会公众，促进治水兴水管水信息共享。建立“双河长”联席会议信息沟通机制，按照《永州市“民间河长”管理办法》，原则上每季度召开一次“双河长”联席会议，特殊情况可临时召开会议，各级河长办主要负责人为会议召集人，“民间河长”行动机构主要负责人为副召集人。

2. 重时效，构建信息定期共享机制

出台了《永州市“民间河长”暂行管理办法》，健全信息上报机制，建立一周一上报制度，要求乡（镇）级、县（区）级“民间河长”要按照制度，每周汇总当周工作后逐级提交。健全信息统计机制，建立一月一统计制度，市级“民间河长”每个月初要将所管辖区域的河库情况、行动情况、处理情况、改善情况等进行统计分析，并上报至永州市级“民间河长”行动中心。健全信息推送机制，建立一月一晒单制度，市级“民间河长”行动中心要按照规定对汇总表进行分析、制表，并在每月第一个工作周通过App、主流媒体、河长办专栏、微信公众号等向社会反馈，同时抄送至永州市水利局、河长办。

第六章

科技创新助推产业绿色转型发展的“湘阴模式”

加快产业发展的集约化、绿色化、两型化是生态文明建设的重要内容，在这一进程中，科技创新与转化应用发挥着重要作用。党的十九大报告指出，实行最严格的生态环境保护制度，形成绿色发展方式和生活方式。绿色发展是发展方式的根本性转变，是发展质量和效益的突破性提升。推动绿色发展，要抓住科技创新这个关键，建立绿色发展科技支撑体系，依靠市场化技术实现绿色转型，运用核心关键技术推进绿色化变革，通过信息智能技术大幅提高绿色发展质量和效益，为绿色发展提供科学依据和技术支撑。在这一进程中，要构建市场导向的绿色技术创新体系，形成系统集成的绿色技术支撑体系，打造引领产业发

展的绿色核心技术体系。近年来，岳阳市湘阴县依托特色和优势产业，通过集聚创新要素、搭建创新平台、推动产学研协同合作和科技成果转移转化，加快了产业绿色转型升级的步伐，丰富了生态文明建设的内涵。

一　湘阴县科技创新与产业绿色发展现状

湘阴县自然生态基础较好，具有临长（长沙）靠岳（岳阳）、滨湖通江、多元交汇的独特区位优势，经济实力在岳阳市首屈一指，科技创新实力较强，先后获得了湖南省可持续发展实验区、湖南省科技服务与创新能力提升三年行动计划重点县、湖南省科技成果转移转化示范县、湖南省知识产权强县等荣誉称号。

（一）湘阴县自然和经济社会现状

湘阴县隶属湖南省岳阳市，总面积 1581.5 平方公里，总人口 78.41 万（2018 年）。湘阴位于长、岳、益三市五县中心，紧邻省会长沙，全域处于长株潭城市群半小时经济圈，全境纳入长株潭城市群两型社会核心试验区、洞庭湖生态经济区核心区、中部首个国家级新区湘江新区拓展区，同时接受三大国家战略辐射。湘阴交通便捷，长沙城市主干道芙蓉大道直通湘阴，另有京港澳高速复线、湘江北路等多条快速干线与长沙连接，2 小时内可辐射湘、

鄂、赣、皖4省15个地市。湘阴水运优势突出，漕溪港、虞公港常年通航能力达5000吨级，是全省地理条件最为优越的内河深水码头，是长沙在洞庭湖的“大码头”。湘阴拥有100万亩生态水体、30万亩山林、60万亩湿地和100万亩田园，组成了长沙北郊最珍贵的生态宝库。境内有洋沙湖－东湖国家湿地公园、横岭湖（青山岛）省级自然保护区、鹅形山省级森林公园等诸多自然景观，山清水秀的自然生态环境是湘阴最鲜亮的名片、最宝贵的资源。湘阴自古就是鱼米之乡，因盛产有机大米、蟹、虾、鱼、藠头等特色农产品而成为湖湘食材基地，县内可成片开发的丘岗山地众多，被确定为湖南省低丘缓坡增减挂钩项目实施县，土地资源丰富。

湘阴县以建设“左公故里、美好湘阴”为愿景，紧紧依靠“改革推动、创新驱动、开放带动、项目拉动”四大支撑动力，按照“区域一体化、生态一体化、城乡一体化、产业一体化”四条发展路径，大力发展绿色建筑建材、绿色装备制造、绿色食品、全域旅游四大支柱产业，全力推动湘阴提质提速发展。2018年完成GDP 331.83亿元，GDP、固定资产投资、社会消费品零售总额、公共财政预算收入分别同比增长5%、10%、5%、5%，县域经济实力稳居岳阳第一方阵。先后成功创建了国家卫生县城、省级文明县城和省级园林县城，荣膺岳阳市最美县城，获批全国科技进步考核先

进县、全国科普示范县、全国粮油生产示范基地县、全国全域旅游示范创建县、全国水产重点县、全国水利百强县。

（二）湘阴县科技创新现状与特色

湘阴县委、县政府高度重视科技创新工作，将其融入全县重大决策部署和重要文件之中，扎实推进科技创新和成果转化工作。成立了湘阴县科技创新工作领导小组，加强了科技创新体系建设，大力推进科技创新平台建设，引导创新要素向企业集聚，加大财政资金支持力度，在全省率先出台支持引进科技人才和成果转化的政策。近年来，湘阴县开发新产品、新技术 60 项，通过省、市科技成果鉴定 15 项，获省级科学技术奖 3 项、市级科学技术奖 10 项。相继获批湖南省高新技术开发区、湖南省科技成果转移转化示范县，金为新材料科技有限公司获批“国家知识产权优势企业”，“工程鲫（鲤）”等领域研究和应用处于国内领先水平。拥有“福湘”等中国驰名商标，有“岳州窑”“樟树港辣椒”国家地理标志证明商标 2 个，无公害农产品、绿色食品、有机食品认证 100 多个。

1. 科技创新顶层设计实现新突破

一是制订了科技创新发展规划。制订并实施了《湘阴县科技创新发展规划（2018～2022 年）》《湘阴县科技创新三年行动计划（2018～2020 年）》等文件，对全县的

科技创新、成果转移转化等的发展思路、工作目标、重点任务和建设工程等做了规定。响应制造强国战略，对标国家级长株潭智能制造试点，对工业创新发展和转型升级进行了规划和设计，成为工业领域创新发展的行动指南。二是优化了科技创新的政策环境。围绕科技创新发展的工作目标，相继制定并实施了《湘阴县鼓励和促进总部经济发展实施意见》《关于进一步加快工业园区发展的意见》《关于推进创新创业带动就业的实施意见》等政策性文件，营造了科技创新浓厚氛围，健全了创新激励机制，逐步建立起有利于大众创新创业、成果转移转化、高新技术产业发展和高层次人才引进的良好环境。三是强化了科技创新保障。从组织领导、考核评价、经费保障、人才保障、创新创业等多个角度，确保科技创新发展任务的落实和目标的实现。县委、县政府将科技创新工作纳入全县改革发展的重要议程，成立了以县长为组长的"县科技创新工作领导小组"和分管副县长为组长的"县知识产权工作协调领导小组""县打击侵犯知识产权和制售假冒伪劣商品工作领导小组"。健全相关考核制度，将科技创新工作、知识产权经费投入、知识产权宣传培训、知识产权的数量和质量等工作量化考核指标，纳入全县目标考核体系，实行目标管理，确保科技创新工作落到实处。县财政每年安排科技创新基金 1000 万元，主要用于人才队伍建设、科技成果转移转化、创新

创业载体建设等。

2. 创新创业载体建设逐步完善

一是创新平台建设成效显著。建立省、市级科研平台8家，省级高新技术开发区1家，企业科技孵化器1家。其中，福湘木业建设的湖南省生态功能型装饰材料工程技术研究中心等4家企业研发机构获批省级企业技术中心（工程研究中心、工程技术研究中心）。湘阴工业园获批湖南省推进新型工业化电子信息产业示范基地、湖南省“两型园区”建设示范园区，为绿色装备制造业、绿色建筑行业、绿色食品加工业、电子信息产业的转型升级和科技创新提供了平台环境。充分利用科技创新平台发布相关信息、提供公共服务，依托省市已开放的科研共享平台，为企业、创客提供科学数据共享、科技文献服务、仪器设施共用、专业技术服务等。二是举办创新创业大赛。2018年6月举办了湘阴县首届创新创业大赛，激发了企业的创新激情，引起了社会的强烈反响。在第五届、第六届中国创新创业大赛中，湘阴县共有金为新材料科技有限公司等3家企业获省奖，2家企业入围全国行业比赛。三是用活产学研对接载体。助推中小微企业与院校对接，与中南大学、湖南大学、湖南农大等多个省内外高校和科研院所建立了产学研合作关系，近年来新建产学研合作项目3个，共转移转化先进技术成果20多项，累计实现转化产值30多亿元，先后

获得省科技进步奖 2 个。

3. 制造业转型取得明显成效

湘阴县对标中国制造业高质量发展战略、湖南省制造强省计划，对接国家级长株潭智能制造试点建设要求，瞄准打造千亿园区、百亿产业、十亿企业目标，加强工业领域的科技创新，促进工业转型升级，基本形成了绿色装备制造、绿色建筑建材、电子信息、新材料等优势产业集群。在全省新型工业化考核中，湘阴县连续五年居岳阳市第一位。一是绿色装备制造方面，先后引进地生工业、奇思环保等一批科技型装备制造企业入驻，转化了一批先进技术成果。湖南地生工业设备有限公司首次开发了新型智能停车库——圆形及方形塔式智能车库，技术达到国内领先水平。二是绿色建筑方面，以远大可建科技有限公司为龙头，湖南省金为新材料科技有限公司等 6 家企业参与，采取订单加工、产业配套的方式，示范带动全县相关行业和企业的发展。远大可建科技有限公司着力围绕开发第六代钢住宅工业技术——装配式钢结构建筑，进行了装配式钢结构建筑的快速连接技术、不锈钢芯板建筑结构体系研发等多个课题的研究和技术转移转化，在项目实施第二年，申报专利 20 项，获专利授权10 项。

4. 农业现代化建设取得重大进展

在农业科技创新方面，发挥区位优势，注重差异化发

展，着力推进农业供给侧结构性改革，打造农业国字号品牌，重点推进中国好粮油示范行动，并取得了较好成效。粮食生产先后九次获评全国、全省先进，成功创建全国农业标准化示范县。一是实施中国好粮油示范行动。加强选育和推广高产、优质、多抗、广适的新品种，加强粮油丰产、中低产田改造、机械化作业、土壤污染防治修复等新技术研究应用，开展粮食高产创建和绿色增产模式科技攻关示范。重点突破水稻、油菜、油茶、花生等油料优质高产技术。无公害农产品、绿色食品、有机农产品和农产品地理标志等“三品一标”优质农产品达 105 个。二是发展绿色食品产业。由长康食品、华康食品等龙头企业进行技术研发和推广示范，促进传统食品行业转型升级，进行绿色食品基地建设和产品开发，依靠科学技术，打造了一批国内知名品牌，先后获得国家驰名商标 7 个，发明专利 9 个，开发了绿色植物油、福多多猪肉、樟树港辣椒等一批高端农产品，做大做强了湘阴食品工业。先后获批全国无公害农产品生产基地县、全国“平安农机”示范县、全国农业产业结构调整先进县、全省“三品一标”示范县等。

5. *以科技为支撑的生态和人居环境明显改善*

主动把握湘阴地处湘江与洞庭湖连接处区位优势，着眼生态文明建设和乡村振兴战略，以“左公故里、美好湘阴”为愿景，以科技创新为支撑，以优化政府服务为

抓手，以减少工业污染物排放，推进大气、水体、土壤污染防治为重点，全面优化生物丰度、植被覆盖、水网密度、土地退化和环境质量指标体系。一是深入开展饮用水水源地环境保护工作，确定了饮用水取水口，按要求划分了饮用水水源地保护区，调整县域主要饮用水水源地和屈原管理区湘江湘阴段饮用水水源地选址规划并加速推进前期工作。严格环境监测，每月对湘江湘阴段洋沙湖、乌龙嘴、东湖、鹤龙湖、城区集中饮用水水源地开展水质监测一次，各监测指标均符合《地表水环境质量标准》GB3838－2002 中的Ⅲ类标准，整体水质状况为良好。二是加强空气质量监测预警。空气自动监测站 24 小时不间断监测，2018 年 1～6 月空气优良率达到 86.7%，较上年同期提升 7.7 个百分点。主要污染物指标值实现不同程度下降，其中二氧化硫年均值较上年同期下降 20%，二氧化氮年均值与上年同期持平，臭氧年均值较上年同期下降 14.6%，PM10 年均值较上年同期下降 3%，PM2.5 年均值较上年同期下降 8.3%。三是全域宜居环境明显改善。湖南全省改善农村人居环境工作现场会于 2018 年 7 月 26 日在湘阴召开，这是对湘阴县在环境治理方面所取得成绩的肯定。湘阴将建筑建材等产业绿色化发展、“空心房”整治、农村垃圾综合处理、农村污水分级治理和乡村网格化综合治理等先进经验在全省推广，全面展示了生态宜居新形象。

二　湘阴县以科技创新推动产业绿色发展的目标定位

坚持“对接长株潭、借力环湖区”，发挥区位优势、创新性资源优势、产业优势和生态环境优势，主动对接长株潭市场消费需求和产业分工，促进县内具有比较优势的产业集群发展，推动三次产业创新发展和转型升级，加快构建现代绿色产业体系。加强区域协调合作和协同创新，携手推进湘江、洞庭湖流域生态保护，加快实施城乡环境整治整县推进工程，保护好山水田园，让优质优美的生态环境成为湘阴最大特质。加强科技创新和政策先行先试，释放产业发展主体活力，培养出良好的创新创业生态环境，全面增强自主创新能力，推动形成以创新为主要引领和支持的经济体系与发展模式，努力将湘阴打造为具有特色优势的全国可复制推广的创新型县和四大产业发展基地。

（一）具有特色优势的全国可复制推广的创新型县

发挥湘阴县紧邻省会长沙，对接长株潭城市群和洞庭湖生态区的优势，紧密结合县域实际和科技创新基础，通过进一步强化顶层设计，完善体制机制，加强组织领导，优化政策环境，完善创新载体，实施知识产权战略，重点

推进产业转型、民生服务、生态环境保护等领域的科技创新发展。

（二）绿色建筑建材产业发展基地

建设完善的绿色建筑建材创新链，开发运用第 6 代集成住宅技术，配套发展钢结构加工安装、墙体制造安装以及外墙保温材料、装饰装修材料、洁具厨具生产等产业。配合远大可建科技有限公司进行产品标准认证、产品技术升级，启动远大可建配套产业园建设。加快不锈钢蜂巢建筑部件制造、特钢型材精密复杂制造、方形横流式冷却塔等关键技术开发和成果转化，以产业的绿色发展支持生态文明建设，打造国内领先的绿色建筑建材产业化园区。

（三）现代装备制造业发展基地

抓住国家实施中国制造业高质量发展战略、制造强省战略以及长株潭城市群智能制造试点机遇，以金龙新区（制造园）为主要园区平台，以机械装备制造、可持续建筑制造和汽车零部件制造为主要发展领域，提升产业创新水平，大力发展智能制造、工业互联网，推进产业向高端迈进，将湘阴县打造成为现代装备制造业生产基地。

（四）绿色农产品供应和加工基地

推广现代农业高新技术，发展生态农业产业，重点

以粮、猪、鱼生产国家和省级强县为依托，提升农业现代化水平，提高农产品产量与质量，打造绿色农产品生产供应配送基地。以洋沙湖工业园和轻工产业园（合称生态园）为主要园区平台，以健康食用植物油、绿色粮食加工、健康调味品、特色茶叶为重点领域，推动以生态农业为优势的生态型产业发展，打造绿色农产品加工基地。

（五）文化产业和休闲旅游度假基地

以底蕴深厚的历史文化为依托，以文化促进创新，以创新培育产业，发展网络文化和创意产业。加快发展全域旅游，推进“互联网＋旅游”，主打“左公故里”文化品牌，发展文化创意产业，释放历史文化名人效应，系紧文化纽带，增强虹吸力。

三　湘阴县以科技创新推动产业绿色发展的主要任务

按照《国务院办公厅关于县域创新驱动发展的若干意见》要求，紧紧围绕创新创业政策落地、创新创业要素集聚、科技成果转移转化、主导产业绿色转型、科技创新为民惠民、体制机制全面创新等六大任务，结合湘阴县域实际，着眼突出政策倾斜、平台孵化、科技转化、企业

培育等环节，发展重点产业、推进重点项目，以重点任务带动全域科技创新。

（一）加快体制机制和政策创新

全面贯彻落实国家和省市的各项科技创新政策方案，用足、用活、用好政策红利；结合湘阴科技创新实际，探索、优化和创新科技政策；深入推进科技管理体制机制改革，给予科技创新主体更大的帮扶力度和自主权。

1. 全面贯彻落实国家和省市科技创新政策

以国家创新驱动发展战略为统领，深入贯彻落实《国家创新驱动发展战略纲要》和《国务院办公厅关于县域创新驱动发展的若干意见》，结合本级实际制定落实科技创新的具体政策，加强科技与财政、金融、税务等部门的沟通协调，紧密配合，研究制定鼓励创新创业、促进科技成果转移转化、完善金融支持体系、激励创新创业人才引进与培育、加大知识产权运用和保护力度等配套政策文件，为全域全社会创新创业提供良好的政策保障和环境条件。

2. 探索政策创新和突破

一是加快县域创新体系建设。加快推进以科技创新为核心的全面创新，积极搭建创新创业平台，争取科研机构和重大创新能力项目落户湘阴，积极搭建科技服务平台，建立园区孵化中心，引导企业建立工程技术中心和企业技

术中心。实现“一个主导产业有一个省级及以上工程技术中心、一支科研团队、一个科研依托机构”，基本建成县域科技创新体系。二是以产学研合作助推成果转化。加强与院校的战略合作，鼓励高校、科研机构在湘阴县设立研发中心、成果转移转化基地。推进与同济大学技术转移中心湘阴分中心有效合作，加快建立与中南大学、国防科技大学等高校的战略合作关系，推动科技成果产业化，创建全省科技成果转移转化示范县。三是鼓励企业建设院士工作站、博士后流动工作站。鼓励湘阴高新区和远大可建等企业按照“园区主导、多方共建、整合资源、合作共赢”的原则合作建设院士工作站、博士后流动工作站。凡经国家审核通过的院士工作站、博士后流动工作站，补助经费分别为200万元、100万元。

3. 深化科技管理体制机制改革

一是搭建政府创新服务平台。积极争创国家高新区、智慧型城市、知识产权示范县，构建大开放、大协同的区域创新体系；支持发展“孵化+创投”、创新工场等新兴孵化模式，积极开展创新创业活动，完善创新创业生态，打造“双创”升级版。二是纵深科技对接融合渠道。推动科技与经济紧密结合，打通科技向现实生产力转化通道；推动科技与金融深度融合，打通科技与金融结合通道。三是助推企业提升自主创新能力。落实企业创新主体责任，实施高新技术企业倍增行动和科技型中小企业

培育计划，大力建设新型产研院、工程技术中心等科技创新载体，提升企业自主创新能力。

（二）加快重大创新创业载体建设

以湘阴高新园区为主要载体，增强核心园区的创新带动能力；充分利用临近长株潭院校资源的优势，搭建产学研协同创新合作平台；围绕主导和新兴产业，加快培育创客空间、星创天地等创新创业模式，为广大创新创业主体提供良好的发展环境。

1. 增强核心园区的创新带动能力

一是打造科技创新核心区。瞄准湘阴新型工业化建设目标，紧扣“工业 4.0”和中国制造业高质量发展战略，以湘阴高新园区为承载主体，按照“一区多园”的空间布局，建立创新政策体系，加强园区科技服务，聚集高层次人才等创新资源，把湘阴高新区建设成为全县创新发展的强力引擎和核心增长极。二是科学确定“一区两园”主导产业和发展方向。其中洋沙湖产业园以发展工业地产为主，金龙新区以发展绿色建筑建材、绿色装备制造、绿色食品等支柱产业为主，漕溪港临港产业园以发展物流及配套产业为主。改革园区管理模式，将洋沙湖产业园、临港产业园统一纳入县高新区，建立灵活的薪酬和绩效考核机制。三是强化园区组织管理。成立由县委书记任顾问、县长任组长的县新型工业化领导小组，切实加强组织领导

和调度，严格督查考核，加强要素保障，优化发展环境。强化创新园区要素聚集功能，深化园区体制机制创新，完善研发、中试、检验检测和科技金融等公共服务平台，实现园区人才、技术、信息、资金等要素的优化配置，推进科技园区创新发展、提质增效。

2. 推动协同合作创新平台建设

一是持续推进产学研协同创新专项行动。建立县政府与同济大学、中南大学、湖南师范大学等高校的产学研合作关系，联合开展人才引进、技术转移、技术开发等；由远大可建牵头，联合上下游企业和相关高校，组建绿色建筑建材产业技术联盟，主攻行业共性关键技术研发和推广应用；支持50家以上规模企业与国内知名高等院校、科研机构建立合作，联合共建技术研发（工程）中心、中试基地、博士后流动工作站或科技创新实体。二是加强企业研发平台建设。加大财政支持力度，引导企业建设高水平研发平台。建立企业研发机构的梯度培育机制，引导与鼓励科技型中小企业加快内部研发中心、国家及省市级重点实验室、工程技术中心等各类研发平台建设，实现全县企业研发平台高覆盖；支持绿色食品加工、绿色建筑建材、水产养殖等重点领域骨干龙头企业牵头建立产业技术创新联盟。

3. 推动创新创业孵化载体集群发展

紧紧围绕创建创新型县和全省科技成果示范县目标，

全面实施创新驱动发展战略，着力打造创新主导产业、加强创新平台建设、拓宽创新合作领域、注重创新人才培养，加快推动自主创新、协同创新、融合创新，重点培育2~3个绿色建筑建材等在全国具有核心竞争力的产业集群，力争2020年全县科技创新综合实力进入全省前十位。一是大力推进大众创业万众创新，依托高新园区和骨干龙头企业，充分利用闲置厂房、商务楼宇等场所，围绕全县重点产业，培育创客空间、创新工场、星创天地等创新创业载体，为广大创新创业者提供良好的工作空间、网络空间、社交空间和资源共享空间。推动“互联网+”新产品、新业态研发组织建设，利用线下孵化载体和线上网络平台，聚集创新资源和创业要素，促进创新创业的低成本、专业化、便利化和信息化。二是加强科技孵化基地建设，支持湘阴高新区卓达金谷创业园科技企业孵化器创建省级科技企业孵化器，为30家创新创业企业提供孵化场地和服务，并建成标准厂房28栋、面积近20万平方米的成果产业化转化基地。坚持科技引领，突出创新发展，依托现有工业园区、城市配套商业设施等，积极推动创业苗圃、创业孵化器、企业加速器等科技孵化基地建设。建立健全孵化基地服务管理制度和入驻企业流动机制，加快社会资本和创业孵化的深度融合，形成涵盖项目发现、团队构建、投资对接、商业加速的全过程孵化链条。

（三）全面提升企业自主创新能力

以龙头企业为引领，强化企业的科技创新主体地位；着力“引力引技引智”，提升源头科技创新能力；大力发展院士工作站、博士后流动工作站等平台，发展创新型研发机构，加快科技成果转移转化。

1. 强化企业科技创新主体地位

一是加大对创新型企业的支持。充分发挥企业创新主体作用，建立以企业为主体的创新体系，制定《湘阴县科技创新引导基金管理办法》，设立科技创新引导基金，重点支持企业的产学研合作，新技术、新产品、新工艺的研发和应用。鼓励企业加大研发投入，积极进行新技术、新产品、新工艺、新材料的研究和开发应用，积极参与装配式建筑、铝镁焊丝、调味品等产品的国家标准制定，培育创新创业主体。二是支持和引导规模以上企业开展产学研合作。建立企业工程技术中心、博士后流动工作站或院士工作站，加快建设企业创新技术体系，逐步形成“一个产业一个龙头企业、一个产业一家上市公司、一个龙头企业带动一个产业”的发展格局。鼓励引进高校、科研院所专家教授和高端人才带技术、项目、团队和资金自办或合办企业。三是大力推进以“小巨人”企业培育计划为核心的湖南省“创新型企业培育百千万”工程。湘阴通过完善科技型企业培育机制，落实国家、省、市各项科

技型企业扶持政策，大力培育科技型中小企业，扶持高新技术企业发展，构建以科技型中小企业为支撑、高新技术企业为骨干的优质创新主体，促进产业升级和经济转型。

2. 提升源头科技创新能力

坚持“请进来、用得上”原则，湘阴充分发挥毗邻长沙的优势，深化与50家省内外知名高等院校和科研院所的战略合作关系，争取更多科研机构和重大创新能力项目落户湘阴，积极搭建创新创业和科技服务平台。深化产学研协同创新，鼓励校企直接对接合作，深挖中南大学、湖南农大、湖南农科院与湘阴县金为新材料公司、利天旭日生态农业发展有限公司等企业开展技术合作的潜力，为企业解决技术难题，帮助开发新产品以及培训技术人才。充分发挥湖南省阳雀湖农业开发有限公司与湖南农科院蔬菜研究所建立的院士工作站人才技术优势，开展实用性研究和成果转化工作。

3. 加快建设科技创新重大平台

大力支持科技服务平台创建、企业研发中心建设，加强科技服务、科技孵化、研发检测、人才队伍等平台建设，形成科技创新战略支撑。重点围绕县域三大支柱产业链，建成和运营湘阴高新区科技孵化中心，并联合专业化和社会化技术服务机构，建立技术转移、科技咨询、技术交易、信息咨询、技术评价、知识产权等创新创业支撑服务体系。支持卓达等5家众创空间、星创天地、科技孵化

器建设，为创新创业者和初创企业提供创业场所和技术服务。

4. 加快科技成果转移转化应用

积极与高校、科研院所联系，建立科技成果转化登记资料库，对入库的科技成果进行发布、推荐，符合湘阴县企业方向的成果积极向企业推荐，协调双方在互利共赢的基础上达成合作意向。加强对绿色建筑建材、绿色装备制造、绿色食品三大产业中拥有创新技术成果的企业的扶持引导，促使其专利产品示范推广，获得社会的认可。落实省、市、县政策文件精神，通过筛选审核，对获得发明专利并将发明专利产品投入规模化生产的企业，给予补助资金扶持，助推其发明专利成果的有效转化实施。

（四）打造具有影响力的创新型产业集群

围绕湘阴主导优势产业，密切与科研实力强的高校和科研院所全方位、紧密型合作，瞄准产业链关键节点，加强技术引进和引进技术消化吸收再创新，开展关键共性技术攻关，以开发成长性好、带动力强、竞争优势明显的产品为突破口，着力推进重大科技成果转化和新产品研发，重点构建绿色建筑建材、绿色装备制造、绿色食品三大产业技术创新链，培育一批新兴产业，改造一批传统产业，关注一批前沿产业，形成具有竞争力的创新型产业集群。

1. 增强先进制造业优势

按照制造强国战略和制造强省计划，对接国家长株潭智能制造试点，实施湘阴县工业发展五年行动计划，加强园区建设，加大技改投入，推进信息技术与制造业技术深度融合发展，促进工业转型升级，重点推进装备制造业、电子信息产业、建筑制造业和建筑材料产业创新发展。一是发展先进装备制造业。以金龙新区（制造园）为主要园区平台，以机械装备制造、汽车零部件和新能源汽车制造为主要发展领域，以元亨科技等企业为龙头，与长株潭的先进设备制造类、重型工程机械制造类、整车装配类大型企业形成产品配套协作和产业转移承接关系，继续跟进中联重科传动结构机械制造项目、中铁重工重型装备制造项目。二是发展可持续建筑制造业。积极配合远大可建进行产品标准认证、产品技术升级、扶持政策申请和可持续建筑产品的品牌宣传，推进远大可建三期项目建设；以远大可建为龙头，尽快启动远大可建配套产业园建设。鼓励福湘木业、大金钢构等县内建材企业与之配套，吸纳其他远大可建配套企业落户湘阴，拉长远大可建产业链。三是发展建筑新材料产业。依托蓝天豚绿色硅藻泥建筑新材料，大力发展环保型新产品、新材料，重点突出液体硅藻泥壁材、粉体硅藻泥壁材、硅藻泥墙衬、硅藻泥艺术墙纸、硅藻泥复合板材和硅藻泥工艺美术品等新产品、新材料的生产，新

上硅藻泥生产线29条。

2. 推动现代农业高效发展

充分发挥湘阴作为洞庭湖区农业大县、“鱼米之乡”的优势，按照“调优粮食生产、调高特色水产、调精健康养殖、调活休闲农业”的思路，加快现代农业发展，做大做强绿色食品产业，打造对接新区、服务长株潭的放心菜园、有机果园、秀美田园和农业公园。一是开发绿色食品产业创新链。以技术转化为切入点，以健康植物油和调味品、绿色粮食、有机茶叶、健康养殖等特色农业生产加工为重点领域，培育绿色农产品生产基地，推动农副产品精深加工，发展现代农业升级版，带动农业增产、农民增收和就业创业。重点转化推广农作物病虫绿色防控、本土特色辣椒品种高效栽培等15项绿色食品生产加工关键技术，不断提高产业链新增产值。二是推动现代农业提质。围绕打造服务大长沙的放心菜园、有机果园、秀美田园和现代农业公园，加快调优粮食生产、调高特色水产、调精健康养殖、调活休闲农业，大力发展有机大米、辣椒等特色农产品，加快发展都市农业、休闲农业、观光农业，打响湘阴绿色农产品品牌。三是加大技术推广应用。围绕湘阴粮油、水产等优势特色农业产业，着力开展新品种引进推广、地方新品种培育、病虫害防治技术和果蔬保鲜技术研发推广，加强产学研合作和先进农业技术示范，加快科技成果转化和应用能力提升。完善基层农技推广

体系，加快农业技术推广应用，建设现代农业技术体系。四是打造绿色食品供应基地。立足湘阴优势基础，引导发展油脂及调味品、茶叶、粮食加工、畜禽及水产品加工、蔬菜加工等产业。以长康实业、义丰祥实业、华康公司为龙头，以海日食品、金甸甸等为支撑，按照“做大已有、招商未有”的发展思路，做大集群规模，提高市场占有率，打造长株潭城市群绿色食品供应配送和加工基地。

3. 发展壮大文化旅游产业

一是发挥自身优势，明确战略定位。坚持以创建全国全域旅游示范县为抓手，对接新区打造生态旅游休闲基地的目标定位，充分发掘利用湘阴独特的江、湖、山、岛等自然资源和名人、名窑、名寺等历史文化资源，切实加强与新区在旅游景点开发、旅游宣传营销、旅游线路开拓等方面合作，形成更加丰富的旅游体验，满足更加多元的旅游消费，打造湘江旅游带上的“黄金组合”。二是统一规划部署，整体联动推进。突出洋沙湖国际旅游度假区等龙头景区带动作用，精心打造三井头历史文化街区，复兴开发“岳州窑”青瓷文化，提升改造左宗棠故居柳庄等文化景点，建设 5 个特色小镇、50 个乡村旅游精品景点，推动体育健身、健康养老、旅游地产融合发展，着力打造历史文化名城，建成全国全域旅游示范县。

4. 培育壮大新兴产业

一是加快培育新兴产业。通过加强世界前沿新技术与产业发展的融合，突破一批核心关键技术，开发一批特色新产品，招商一批重大产业项目，重点培育发展机械装备制造产业、新材料产业和电子信息产业等三个新兴产业。二是推进“互联网+”行动。促进互联网、云计算、大数据等技术与各领域、各产业融合，实施电商产业发展三年行动，加快推进农村淘宝工程，培育3~5个电商龙头企业。

（五）完善创新创业服务支撑体系

完善科技创新的要素和服务支撑体系建设，加快科技与金融的紧密结合，加强知识产权的保护和运用，切实维护创新主体权益，强化科技创新的人才支撑，深入实施“人才强县”战略，深化人才管理体制机制创新。

1. 推进科技金融结合创新

一是加强科技与金融结合。立足产业链布局创新链，围绕创新链布局资金链，建立覆盖创新全过程的科技创新资金保障机制，积极引导各类金融机构支持自主创新和高新技术产业化，形成多元化、多层次、多渠道的科技创新投融资体系。组织企业参加省、市举办的专利技术成果和风险资本对接会，推进专利技术转化实施。二是探索科技金融的新渠道。建立财政资金引导机制，设立创业投资引

导基金等，用于支持初创期、种子期科技型中小企业发展，培育科技“小巨人”企业。促进银企对接，鼓励引导金融机构加大对实体经济的支持力度，成立村镇银行，支持初创期、种子期科技型中小企业发展。组建县级中小企业融资担保公司，开展科技型中小企业融资担保和转贷应急资金短期周转业务，解决成果转化融资难、融资贵问题。

2. 加强知识产权运用与保护

一是大力实施专利发展战略。建立发明人联系台账，对湘阴县已授权的发明专利及时跟踪，强化专利缴费环节指导与督办服务，避免由迟缴或误缴费用所造成的迟授权和不能授权的现象发生。采取集中培训和上门服务相结合的方法，对企事业单位技术人员和农村的土专家、田秀才进行专利申请业务指导，提高他们挖掘专利的能力和申请的数量、质量。加大对知识产权的保护力度，严厉打击各类侵权行为，着力强化全社会知识产权保护意识，提升企业运用、管理和保护知识产权的能力。二是重点推进科技成果与知识产权建设专项行动。建立高新园区知识产权服务站，完善园区知识产权服务功能。推荐企业申报国家、省知识产权试点示范企业，引导企业开展《湖南省企业知识产权管理规范》贯标活动。全面开展县级科技成果和技术合同交易登记工作，进一步规范科技成果登记，有力推动技术交易。

3. 强化科技人才支撑作用

一是深入实施“人才强县”战略。深化人才发展体制机制改革，全面实施“湘阴县引进科技人才促进科技成果转化十条”，构建覆盖广泛、专业高效的人才服务保障体系。探索实施“产业基金 + 科技成果 + 专业团队”的高层次人才引进模式，吸引高层次人才来湘阴创新创业。加强专业技术人才培养，培育一批企业急需的高技能型人才和农村实用型人才。实施优秀企业家培养计划，培养一批懂技术、善管理、会经营的复合型企业家。二是开展人才合作培养工程。坚持走产学研结合的路子，促进高校、科研院所高层次人才与湘阴县企业攀亲结缘，积极服务、指导、培养企业技术骨干，为全县企业培育一批行业技术领头人，提高企业自主研发水平。面向基层培养实用性人才，主办科技特派员培训班，邀请省内有合作关系的高校、科研院所专家、教授现场进行培训。与市科技局合作安排外派考察学习，选派优秀科技特派员到经济发达地区学习先进技术、经验。围绕全县产业结构调整、产业化发展及专利成果创新，协同各相关部门，组织专门队伍，深入各镇、村、社区开展农村实用技术培训和农民工技能培训。三是实施开放的创新人才政策。探索柔性引智机制，建立自由流动、包容开放的人才使用机制。创新科技人才评价制度，建立以能力、业绩、贡献为导向的人才评价体系。建立与完善人才激励机制，提高科研人员成果转化收益比例，完善科

技成果知识产权归属和利益分配机制，鼓励企业建立技术骨干和团队股权激励机制，激发科技人才的创新活力。

（六）以科技创新为支撑推进生态文明建设

以科技创新为引领，促进产业绿色和生态化转型；大力发展节能环保型产业，助推企业节能减排与清洁生产改造；着力加大对外开放合作力度，积极参与长江经济带生态环境保护行动。

1. 以创新为引领促进产业生态转型

推进信息化与工业化深度融合，鼓励企业利用信息技术改造提升传统产业，提高资源加工和利用的精细化控制水平。加快发展清洁生产技术、循环利用技术、工业节能技术、资源综合利用技术等，加快绿色制造、绿色建材、绿色农业等绿色生态型产业发展，降低产业发展过程中的资源消耗和污染物排放。严格控制高污染产业发展，抑制过剩产能。推动污染物集中治理，积极采取光电生化技术等手段处理生产生活垃圾。

2. 大力发展生态环保型产业

加快发展节能环保、资源回收等生态技术产业，对废旧产品进行专业化维修和升级改造，推动再制造产业发展。推动企业集群共生发展，举办产业对接合作活动，鼓励引进补链产业、辅链产业，发展循环经济。鼓励企业利用信息技术构建企业共生网络和虚拟生态工业园，推动核

心企业提升知识产权运用水平和科技创新能力，吸引更多企业与其配套协作发展，促进副产品和物质在企业网络中有效利用，减少废弃物的排放。

3. 积极参与长江经济带生态环境保护行动

作为长江经济带的组成单元，根据长江经济带发展规划要求，坚持在发展中保护，在保护中发展，推进森林资源持续增长，加快水利工程建设，推进治污工程发展，严控工业污染物排放，推进生活污染综合治理，不断创新生态环境管理制度。推进重点领域节水工程，加强重要水源的保护力度。严控农业面源污染，“关停并转”化工污染企业，加强土壤污染综合治理。加强环境污染风险监控，防范重点领域污染风险。

四　湘阴县以科技创新推动产业绿色发展的重点工程

紧紧围绕重点产业和项目，加快实施先进制造业培育、科技成果转移转化、创新平台建设和科技人才引进等重点工程，推动重点产业和重点项目落地，助推产业绿色转型升级。

（一）先进制造业培育工程

一是机械装备制造产业发展工程。积极引进智能生产装备和先进制造技术，突破绿色化、智能化、液压化

等瓶颈技术，重点开发智能工业模具、工程机械配件、汽车船舶零配件、中大型挖沙船、数控机床、金属加工成套设备等一批先进机械装备产品，融入长株潭自主创新示范区建设，形成特色产品优势突出、配套较为完备的机械装备产业集群。二是建筑新材料产业发展工程。以绿色建筑材料为主导，重点围绕装配式建筑工业领域，引进和研发适用于装配式建筑的再利用型建筑材料、绿色建筑装饰材料、新型墙体材料、钢结构加工、钢结构安装等生产技术，形成“建筑材料—建筑模块—可持续建筑楼宇”的可持续建筑工业产业链。三是电子信息产业发展工程。以湖南省电子信息产业示范基地为依托，对接长株潭，重点围绕智能手机、智能电视、无人机、新型显示、集成电路等领域，着力引进若干个整机产品龙头企业，带动一批电子信息配套产业项目落户，打造湖南省具有竞争力的电子信息产业生产基地。四是新型材料和智能技术攻关工程。围绕绿色建筑材料和金属新材料，以金为新材料、蓝天豚、远大可建等新材料企业为主体，重点攻关绿色环保的硅藻泥材料、装配式钢结构建筑材料、高性能焊接材料、特种锌钢材料生产制备技术。围绕智能工业模具、机械配件、金属加工成套设备、起重运输设备等优势机械装备产业，实施技术攻关，开展专项科技计划项目。支持奇思环保、信达智能、万顺船舶等龙头企业，积极引进智能化生产装备，重点突

破智能化机器人技术、智慧车库控制系统技术和现代化船舶生产制造技术。

（二）传统产业创新提质工程

一是食品加工产业升级改造工程。通过自主创新和新技术的引进，突破粮油精深加工技术和副产品综合利用技术，重点发展以粮食和特色经济作物为原料的营养醋、调和油、辣椒油等调味系列产品，绿茶、黄茶和红茶等茶叶产品，双低菜籽油、油菜籽饼加工饲料等油料产品，营养型功能型方便面、袋装米饭等粮食加工产品。二是木材加工产业提质改造工程。积极引进和研发新技术、新工艺，开发适合于小径木、速生人工林材、次生林材、林业剩余物加工工艺的高利用率绿色环保产品，推动产业由传统板材生产加工向家具定制化生产转变，加快形成“林木材—板材—定制家具”木材加工产业链。三是农业种植技术推广工程。紧扣环洞庭湖国家现代农业科技示范区，实施一批国家和省、市农业科技项目，借助新型农村科技服务体系和长沙高校科技资源力量，发挥农业科技示范基地、科技信息服务站、科技特派员作用，支持百树山、阳雀湖等农业龙头企业加强与湖南农业大学、湖南农科院的技术合作，重点突破油茶、芋头、葡萄、茶叶、辣椒、花生等农产品优质高产技术，开展辣椒、瓜类、食用菌等湘阴特色高端精品蔬菜品种的选育研究。

（三）企业创新主体培育工程

一是科技型中小企业培育工程。全面摸底调查湘阴县企业科技创新情况，加强政策宣讲，激励企业积极申报科技型中小企业。根据《科技型中小企业评价办法》，对已达标企业及时纳入科技型中小企业信息库，享受相关税收优惠政策。对暂未达标企业，纳入湘阴县科技型中小企业培育项目库，引导企业加强科技人才引进和培养，加大研发投入，鼓励开展知识产权创造和运用，以利于尽早达到科技型中小企业标准。大力实施科技型中小微企业培育计划，完善科技型企业培育机制，健全科技型企业扶持体系，吸引高校毕业生、科技人员和个人发明者等创办中小微企业，引导现有传统中小企业转型发展为科技型中小企业。加大国家和湖南省科技型中小企业创新基金争取力度，扶持科技型中小微企业发展壮大，重点培育一批创新能力和市场竞争力强的“小巨人”科技型企业。二是高新技术企业培育工程。从科技型中小企业中遴选一批拥有核心技术和自主知识产权、研究开发能力强、成果转化效益好、成长性高的企业建立高新技术企业动态储备库。引导入库企业加大研发投入，加强研发机构和创新人才队伍建设，有效提升自主知识产权产出与科技成果转化能力。健全高新技术企业申报培训和服务体系，整合中介服务机构资源，重点对优惠政策、申报程序等内容进行系统培训

并提供专业化服务。制定高新技术企业奖励办法，对首次认定的高新技术企业予以一定的财政资金奖励。支持高新技术企业做大做强，遴选一批具有较大规模优势、较强创新实力的高新技术企业予以重点扶持，着力培养其成为具有行业影响力的科技型领军企业。

（四）知识产权战略工程

一是企业知识产权促进工程。调整完善专利资助和奖励政策，把自主知识产权获取作为实施科技项目资助、科技奖励的重要依据，引导专利创造从追求数量提升向量质并举、突出质量转变。鼓励专利成果转化，优化知识产权购买、转让、许可和评估服务，对于实现产业化的本地专利，对专利授权人给予奖励。实施重点专利（核心专利）培育、知识产权示范企业培育和知识产权园区创建等计划，重点对绿色建筑建材、绿色装备制造、食品加工业、绿色农业等湘阴特色优势产业领域的专利进行挖掘、发现和培育，建立特色产业专利数据库。二是知识产权运营和保护工程。加大对专利技术产业化的支持力度，每年筛选确定一批专利成果列入县科技计划，组织实施专利成果产业化项目。构建知识产权综合运用公共服务平台，鼓励中小企业开展知识产权托管。加快知识产权社会信用体系建设，将知识产权侵权、假冒等行为纳入社会信用评价体系。加强知识产权行政执法队伍建设，开展知识产权专项

执法行动，探索开展专利、商标、版权“三合一”联合执法，重点加强对流通领域知识产权执法检查。建立健全知识产权维权援助机制和举报投诉工作体系，形成知识产权司法和行政保护协同推进、行业自律和企业维权主动应对的保护格局。三是知识产权业务培训工程。积极开展知识产权先进企业宣讲培训活动，以全县主导产业中的优势企业为主要对象，每年至少举办 4 次知识产权专题培训班，提高企业知识产权创造、运用、保护和管理能力。

（五）科技成果转移转化工程

一是科技成果转化平台建设工程。以提升科技成果转移转化效率为目标，建设湘阴县科技成果转化平台。以产业为导向，依托平台定期开展科技成果展览发布、技术需求发布、交易洽谈、技术合同认定等线下活动，加强技术转移资源优化配置，引导鼓励科技成果与人才、企业、科技服务机构等各类创新资源，在县科技成果转化服务平台聚集和发展，推动专业化的科技成果转移转化服务。二是科技成果精准对接工程。围绕绿色建筑建材产业、绿色装备制造业、绿色食品、水产养殖业等领域，充分利用第三方专业科技服务机构的科技信息服务资源，分产业、分层次组织科技成果转移转化精准对接活动。三是产学研合作示范企业创建工程。加快湖南省高校（院所）科技成果转移转化示范县建设，全面落实县政府与高校院所签订的

战略合作协议。根据企业与高校院所技术合作对接活动、科技成果转移转化机制建设、科技成果转化项目承接及投入等情况，开展产学研合作示范企业创建活动。对认定为产学研合作示范企业的，给予一定奖励。

（六）科技创新服务体系建设工程

一是科技创新服务质量提升工程。加强高新区科技创新服务体系建设，强化科技创新要素配置服务，提升企业科技服务水平。积极引进和培育一批知识产权、法律、科技项目评估、科技信息咨询、创新培训、创业辅导和技术转移等第三方服务机构，为企业提供研发外包服务、检验检测服务、专利代理服务、科技咨询等一站式科技创新服务。重点发展以技术市场为主要形式的技术交易或交流中心，以应用技术推广为主要内容的科技培训中心，以科技成果转化为主要目的的科技成果转化公共服务中心，以检验检测为服务内容的公共检测服务中心。二是科技信息服务投入工程。以政府为主导，充分利用湘阴科技创新服务平台信息汇集优势，建立企业技术需求、专家、科技成果资源库等，实现科技信息资源的集成与共享，强化科技信息对接服务，着力打造科技信息集散地。充分发挥湘阴高新区科技企业孵化器作用，围绕企业需求提供孵化场所，开展孵化服务。三是科技政策宣讲普及工程。广泛开展科技政策宣讲会，针对企业、创业者和基层科技工作者，每

年集中组织举办4次以上科技政策宣讲会，邀请专家解读国家、省、市和县等各级政府优惠科技政策。开展“送政策下基层”活动。针对湘阴重点行业重点企业开展“一对一”科技政策宣讲服务，整理最新国家和省、市、县科技创新扶持政策，汇编成册发放到企业，使企业知晓了解政策、用好用足政策，真正享受政策红利，为创新驱动发展营造良好的政策环境。

（七）创新型园区建设工程

一是高新技术园区提质增效工程。加强园区服务标准建设，在服务流程、招商程序等方面制定标准化的细则和规定，加大精准招商力度，推进“一区二园”专业化、特色化发展。加强园区形象建设，委托专业的品牌策划和传播机构塑造各产业园区特色名牌，形成区域功能明确、产业特色突出的高新园区形象。对标国家级高新区，查漏补缺，精准发力，着力将湘阴高新区打造成国家级高新技术产业开发区。二是农业科技园区特色发展工程。加大农业特色产业园建设力度，围绕樟树港辣椒、鹤龙湖大闸蟹等特色产业，布局一批省市级现代农业特色产业示范园区。依托蔬菜产业园、铁香茶叶特色产业园、凯佳休闲农业示范产业园等建立省市级农业科技园区，培育壮大农业高新技术企业，促进农业高新技术产业发展，使农业科技园区成为全县农业科技创新高

地。三是科技孵化平台建设工程。加大科技企业孵化器与众创空间建设力度，全力建设具有“创业苗圃—孵化器—加速器—产业化园区”孵化链条的科技创业孵化平台。充分发挥“一园二区”创新创业要素集聚优势，在绿色装备制造、绿色建筑建材、绿色食品加工等重点领域先行先试，围绕产业需求和行业共性技术难点建设专业化众创空间。通过开展创新创业大赛、创业辅导、金融管理培训和企业管理培训，建立完善的孵化服务体系，整合行业资源、政府资源、专业服务机构等创新创业资源，建设省级孵化器。

（八）产业人才引进和培育工程

一是高层次人才引进与培育工程。充分借助专业化人才服务机构，开展“一对一”高端人才对接引进等活动，围绕重点产业与特色产业发展需要，引进和培养一批带资金、带项目、带专利、带成果的高层次人才与创新团队来湘阴就业创业。大力实施“引进科技人才促进科技成果转化十条”，建立覆盖广泛、专业高效的人才服务保障体系，实现各类人才服务“一站式”办理，促进高层次人才（团队）、高新技术和项目无障碍落地。充分发挥高层次人才的引领作用，积极推荐地方人才升级为市级、省级和国家级人才。二是创新型企业家培养工程。将企业家培养纳入全县人才培养计划，制定创新型企业家培育计划，

围绕企业创新战略、产品研发、市场营销、企业管理等，定期开展企业家培训活动，促进企业家进一步提高素质、提振信心、提升境界。创建湘阴县企业家协会，开展“湘阴县年度十佳创新型企业家”评选活动，大力宣传表彰为湘阴县经济社会发展做出突出贡献的创新型企业家，培育出一批懂创新、善管理、会经营、有担当的复合型企业家队伍。三是专业技术人才引育工程。加大专业化人才引进力度，建立健全人才需求信息库，定期举办人才招聘、高校毕业生校园招聘会、企业人才需求对接会等活动，大力引进技术、管理、财务等专业化人才来湘阴就业创业。加大专业技术人才培养力度，鼓励与支持骨干龙头企业与中南大学、湖南大学、湖南农业大学等省内高校及湖南交通工程学院、湘阴县一职中等县内高等院校与职业院校共建实训基地，建立校企合作、产教结合的办学模式，加快培养社会紧缺、企业急需的高技能人才。围绕果蔬栽培、水产养殖、农机作业等定期开展职业教育和技术培训，培养农业实用人才与新型职业农民。

（九）生态工业园建设工程

一是工业园区污染治理设施完善工程。推进第二污水处理厂在线监控联网及提标改造工程，将污水排放标准由原来的一级 B 标准升级到一级 A 标准。加强污水管网建设，重点拉通顺天大道和键铭大道污水管网，并在工业大

道劈山渠西侧建设一个污水提升泵房，采用压力管的方式拉通工业大道与键铭大道交叉口处的污水管道。二是重点排污企业在线监控工程。加速推进园区重点排污企业在线监控建设，确保园区企业污水达标排放，促进第二污水处理厂良性平稳运行，园区会同县环境保护局，对园区重点排污企业安装在线监控设备。三是污染物集中处置设施建设工程。在园区附近中联大道与洋沙湖大道交汇处建立固废物和生活垃圾收集站，对固废物和生活垃圾进行分类收集、储存、转运、综合利用和无害化处理。园区环保工作站对排查过程中发现产生危险废物的企业管理处置危险废物的情况登记造册，收集核实各企业危险废物处置公司资质、合同、危险废物管理台账，确保企业对危险废物规范化管理，严格按规定建立危险废物贮存点，不得私自处理或转交无资质单位、私人进行处理。

（十）生态环境治理工程

一是农村污水分级治理工程。重点实施“三管”，即“厕所革命”管散户，引导新建住房一律配套建设卫生厕所，全面实施农村厕所无害化改造，新（扩）建三格式、四格式、沼气式无害化卫生厕所。“人工湿地”管村庄，对 20 户以上的集中居住点，推广“三格池 + 人工湿地”污水治理模式。“治污工程”管集镇，实施集镇生活污水处理设施建设三年行动，启动 10 个集镇污水处理厂建设，

推动城镇污水管网向周边村庄延伸，确保两年内将80%的村级生活污水接入城镇污水处理系统。二是森林资源保护工程。严格执行森林资源限额采伐和“三年禁伐减伐行动”规定，将保护发展森林资源责任落实到各乡镇、村，促进森林资源稳步持续增长。严格执行林地“一张图”和“占一还一”政策，严守林地红线，严厉打击乱征滥占、未批先占、少批多占林地行为，开展针对非法占用林地等涉林犯罪的专项行动，严肃查处违法犯罪行为。三是城乡绿化三年行动工程。着力实施“城乡绿化三年行动计划”，力争到2019年底，城市建设中城区绿地率达到30%以上，人均绿地面积达到10平方米，形成“出门能见绿、游憩在林下、休闲进森林”的宜居森林生态体系，把湘阴建设成为“林路相拥、林水相依、林城相融”的国家生态园林城市。

五　湘阴县以科技创新推动产业绿色发展的组织管理与运行保障

以问题为导向，以需求为牵引，在制度安排、政策保障、环境营造上下功夫，在创新主体、创新基础、创新资源、创新环境等方面持续用力，推动创新链、产业链、资金链和政策链相互配合、相互促进，为提升县域创新体系整体效能提供政策支撑和制度保障。

（一）强化组织领导，完善创新政策

1. 强化创新型县领导小组的组织领导

在领导小组组织下，凝聚全县上下各方智慧和力量推进科技创新。领导小组办公室负责统筹推进和监督协调，县科技主管部门牵头组织实施科技规划，加强科技宏观管理，加大全县科技创新推进力度。各级各部门主要负责人亲自部署落实，并明确一位负责人分管，切实把实施创新驱动发展战略摆在发展全局核心位置，将一把手抓科技是第一生产力落到实处。

2. 加强创新政策的制定实施

按照市场导向、适度超前、政策配套、有效激励、服务监管的思路，进一步健全完善人才引进、资金管理、科技评价、成果转化机制。严格对标中央《关于深化中央财政科技计划（专项、基金等）管理改革的方案》和《关于深化科技奖励制度改革的方案》等有关政策，结合县域实际突出抓好《湘阴县科技创新基金管理暂行办法》《湘阴县金融机构科技型中小微企业贷款风险补偿资金管理办法》等规范性文件的贯彻落实，进一步整合和释放科技创新引导基金效能，用足用活年度创新驱动发展专项资金，重点扶持产业转型升级、人才队伍建设、科技成果转移转化、创新创业载体建设，有效实现人财物的聚集聚合和整体联动。

3. 提升政府监管服务水平

着眼推进管理创新，加快构建新体制，深化“放管服”改革，推进科技服务信息化。坚持科技管理创新与现代信息技术相结合，创新政府科技管理体制机制和服务模式，把互联网、大数据、云计算等现代信息技术融入创新创业领域，走信息化、网络化、数字化服务之路，推行“互联网 + 科技服务”管理模式，完善“湘阴科技创新服务平台”，形成全县整体联动、部门协同、数据互通、一网办理的“互联网 + 科技服务”体系。深入转变政府职能，发挥市场机制决定性作用，建好用好科技资源交易、科技创新服务、对外开放服务等平台，加强创新创业资源开放共享，建立和完善线上与线下、政府与市场开放合作等创新创业服务模式，提供便利化、全要素、开放式的创新创业公共服务。

（二）加强运行调度，实施考核评价

1. 形成合理的科技管理和运行机制

实施过程监测和动态管理，层层压实责任，传导压力，明确建设任务的具体目标、内容和时间节点，实现责任到部门、项目到承担单位、工作任务到人。加强项目实施过程中的统计和监测工作，定期或不定期开展项目检查和督导，确保工作到位。建立健全项目实施中期评估和年度检查制度，完善项目绩效管理与考核制度，

进一步加强项目资金管理，确保项目资金到位和管理使用规范。

2. 实施考核评价

加强对各级各部门和园区科技工作的督导考核，对推进新型工业化工作设立单项考核奖，纳入年度考核，提高考核分值。分年度建立工作目标交办责任制和考核制，实行项目化、指标化管理，明确责任单位、责任领导、责任人和完成时间。按产业办公室、乡镇、街道、园区和部门制订出科学的考核细则，重点考核产业发展、项目落地、企业贡献、发展质量、优质服务以及乡村振兴工作等情况。建立电子信息考核系统，对数据实行常态化管理，由县委考评办牵头，推进新型工业化领导小组办公室参与，每季度进行一次量化考核，督查考核结果及时通报，年终综合评比。

3. 严格落实奖惩机制

对超额完成年度目标任务的给予奖励，对不能如期如质完成年度目标任务的，按照基本合格、不合格分别给予通报批评和综合绩效考核不计分的处罚。同时，将各相关单位主要负责人抓工业的绩效纳入考察领导干部和班子建设重要内容，作为干部提拔使用的重要依据。注重从园区、工业发展重点乡镇和街道、工业发展重要部门选拔懂经济、会管理、干事业的优秀干部充实到各级领导岗位。

（三）加大财政支持，破解资金瓶颈

1. 加大财政科技投入力度

把财政科技拨款列入预算保障重点，在编制年初预算和安排当年度预算时，以财政每年科技投入较上一年度增长幅度不低于财政收入的增长幅度进行财政科技预算安排。实施资金精准投向，积极与统计局配合，对全县规模企业进行深入摸底，摸清各企业研发重点、范围、经费来源，指导帮助企业做好研发投入数据填报工作，充分发挥县财政科技研发经费“四两拨千斤”作用，将资金投入主导产业、重点企业，确保完成或超额完成研究与试验发展经费支出比重。落实高新技术企业所得税减免、企业研发费用加计扣除等政策，引导全社会加大研发投入。设立科技创新基金，支持重大平台建设、创新载体引进、重大项目研发、科技成果转化与应用、初创期科技型中小企业孵化、创新人才培养等。改革和创新科研经费使用和管理方式，加强科研资金信用管理与绩效评价，完善财政科技资金的预算绩效评价体系，建立健全相应的评估和监督管理机制，确保经费投入和使用效益。

2. 建立健全金融服务科技创新体系

充分发挥政府资金在科技投入中的导向作用，由科技主管部门、高新产业园区、金融机构和相关中介服务机构，共同建立科技金融服务中心，形成银行支撑、担保支

持、创投优先、财政扶持的“四位一体”科技金融运行模式，提升科技金融服务质量和效率。进一步优化投入结构和支持方式，通过计划项目资助、后补助、政府采购税收优惠、资金奖励等多样化财政资金支持方式，引导企业加大科技投入，开展科技创新与技术改造升级。加快科技与金融结合试点，利用贷款贴息、融资担保、风险补偿等方式，鼓励和引导县级金融部门开设科技信贷金融绿色通道，支持企业自主创新与科技成果产业化，大力促进信贷资金向科技创新活动倾斜。联合县内金融服务机构，建立低成本、便捷化的金融服务机制，提升科技金融服务水平。设立科技型中小微企业贷款风险补偿资金，专门用于补偿与湘阴县合作的金融机构因向县域内符合条件的科技型中小微企业提供非固定资产抵押贷款而产生的贷款本金损失。加强与湖南省中小企业信用担保有限责任公司、湖南省股权交易所等金融服务机构的合作，建立多元化科技金融渠道，积极开发科技金融产品，支持鼓励金融服务机构开展知识产权质押贷款、股权质押、科技保险等多种形式的科技金融产品业务，为初创型科技企业提供融资。

（四）严格环境管理，创建良好生态

1. 开展资源环境承载能力监测预警评估

确定环境容量，定期开展资源环境承载能力评估，设置预警控制线和响应线，对用水总量、污染物排放超过或接近承载能力的区域实行预警提醒和限制性措施，及时发布资源环境承载能力监测评估报告。

2. 落实规划环评刚性约束

编制空间规划应先进行资源环境承载能力评价和国土空间开发适宜性评价。各单位编制开发利用规划时，应依法同步开展规划环评工作，确定空间、总量、准入等管控要求。将规划环评结论和审查意见作为规划决策的重要参考依据，未依法开展规划环评的规划不得审批或实施。严格执行规划环评违法责任追究制。

3. 实行负面清单管理

一切经济活动都要以不破坏生态环境为前提，抓紧制定产业准入负面清单，明确空间准入和环境准入的清单式管理要求。提出限制开发和禁止开发的岸线、河段、区域、产业以及相关管理措施，不符合要求占用岸线、河段、土地和布局的产业，必须无条件退出。除在建项目外，严控在中上游沿岸地区新建石油化工和煤化工项目，严控下游高污染、高排放企业向上游转移。

4. 推进绿色发展示范引领

研究制定生态修复、环境保护、绿色发展的指标体系，加强流域生态环境综合治理，完善综合治理体制机制，加快形成流域综合治理经验。鼓励企业进行改造提升，促进企业绿色化生产。推进绿色消费革命，引导公众向勤俭节约、绿色低碳、文明健康的生活方式转变。

第七章

水环境保护与绿色发展的“资兴模式”

当前，探索适合流域水资源管理的框架和模式是自然科学、工程、公共政策与管理等领域研究的重点。1992年，联合国提出，有效的水资源管理需要采取整体的路径，世界水论坛（World Water Forum）2006年的《联合国世界水发展报告》提出全面执行流域综合管理模式。破解流域水环境治理的低效率问题，需要构建跨界水环境协同治理的体制机制，实现协同增效，政府在协同过程中处于核心地位。在水环境治理中，政府间、政府各部门间、政府和社会组织间的协作包括寻求调整方案、政策制定、资源互补和基于具体项目的合作等。为实现自然、经济、社会协调发展，郴州市资兴市十多年来紧扣河湖水资

源保护和合理利用这一示范主题，大力推进实验区建设，初步探索出一条科学保护、合理利用、相辅相成、良性互动的战略水资源保护利用模式，有效地推动了经济社会的全面发展。

一　资兴市水环境发展现状

资兴市水资源丰富，河湖众多，境内的东江湖是湖南省最大的饮用水水源地和长株潭城市群战略水源地，也是国家重点生态功能区。但由于长期以来的过度开发利用、产业结构不合理、生产生活方式粗放，资兴市的水生态环境面临着严峻挑战，亟待推进水环境的保护与治理，实现水生态的可持续利用。

（一）资兴市水环境基本情况

资兴市位于湖南省东南部，湘江耒水上游，全市总面积2747平方公里，总人口35.16万（2018年），辖11个乡镇、2个街道，是一座新兴工业城市、生态旅游城市和开放型魅力城市。境内河湖众多，其中东江湖是国家“七五”重点工程东江水电站建成后形成的人工湖泊，湖泊水面160平方公里，正常蓄水量81.2亿立方米，是湘江流域重要的生态补水、防洪调峰、保护生物多样性的战略水资源，属于《全国生态功能区划（修编版）》确定的

“南岭山地水源涵养与生物多样性保护重要区”“罗霄山脉水源涵养与生物多样性保护重要区”。资兴市生态环境基础较好，旅游资源丰富，先后被评为“中国优秀旅游城市”“国家卫生城市”“国家循环经济示范市”，县域经济综合实力位列湖南省前五。

（二）资兴市水环境保护存在的问题与困难

受历史上矿产资源长期无序开采、生产方式粗放、生活方式落后等因素影响，资兴市部分地区和流域水生态环境面临污染的现实压力大，水生态修复治理的历史包袱重，成为制约资兴经济社会发展的重要因素，迫切需要探索“在保护中发展、在发展中保护”的绿色发展新路。特别是保护和利用好东江湖水资源面临着诸多困难和问题，尤其是水资源保护和湖区群众生产生活的矛盾突出。长期以来湖区主要靠挖矿、伐木、养鱼、喂猪、种果来维持生计、发家致富，最高峰时湖区有矿井40余座、网箱1.3万余口，生猪95万头，年产原木30万方，仅3000余人的原东坪乡曾年产原木8万方，生态资源遭到过度开发，环境日渐受到破坏。加之东江水电站建设，资兴移民6万余人，兼之东江湖淹没之地多为资兴的粮仓、林海，鱼米之乡变成了水乡泽国，发展瓶颈凸显。

当前，资兴市经济社会已经进入“中高速”的新常

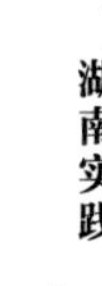

态发展阶段，环境保护仍将处于负重前行的关键期，环境污染历史存量削减难度大，产业发展与生态环境之间的矛盾仍然突出。在诸多挑战面前，资兴市必须以维护区域生态系统完整性、保证生态过程连续性和改善生态系统服务功能为中心，突出山水特色，优化产业布局，调整产业结构，发展与水资源环境承载力相适应的特色产业和环境友好型产业，推进水资源可持续利用和发展方式的绿色转型。

二　资兴市水环境保护与绿色发展的思路与定位

资兴市水环境保护与绿色发展要创新思路、协同共进，坚持在保护中发展、在发展中保护，以产业的转型升级为重点，打造环境保护和绿色发展的样板区、示范区，让发展的成果惠及更多民众，建设普惠发展先行区。

（一）水环境保护与绿色发展的思路

围绕资兴市“水环境保护压力大，历史欠账多”“水资源高效利用水平不足，绿色转型任务重”的瓶颈问题，资兴市通过健全生态保护机制、优化人才服务机制、创新投融资机制、完善公共参与机制等举措，集成应用水污染源阻断和治理、流域重金属源头控制、有色金属精深加工等技术，实施水源地生态环境保护行动、水体重金属及污

染源治理行动、节水型生态型产业培育行动、科技创新支撑行动等四大重点行动，着力持续提升水生态功能价值，构建水环境保护与生态产业绿色发展的协同体系，打造水资源可持续利用与绿色发展的资兴样板、湖南经验。

（二）水环境保护与绿色发展的目标定位

资兴市以破解制约创新驱动发展的主要矛盾为切入点，积极探索水资源可持续利用与绿色发展的路径和模式，在构建良好生态、发展绿色经济、推动创新开放、促进全民共享等方面创新试验，形成典型的发展经验与模式。

1. 绿水青山样板区

践行“绿水青山就是金山银山”的发展理念，坚持从生态系统整体性和流域系统性出发，着眼水资源保护、水污染治理、水生态修复、水安全保障，推动科技创新、体制机制创新与水生态文明建设深度融合，在水资源可持续利用和绿色发展，经济、社会、生态协调可持续发展方面积极探索，提出系统解决方案，打造绿水青山样板区。

2. 绿色转型示范区

以水环境保护为切入点，以护水、治水倒逼有色金属冶炼、采选等资源型产业转型升级、矿山治理与修复，以水的高效、高质利用促进产业循环化、低碳化、绿色化发展。改造升级有色金属等传统产业，大力发展节能环保新能源产业，推动并发展固体废物等危险废物的综合回收利

用、深度加工的循环经济、“城市矿产”经济，加快发展低碳工业、生态农业和现代服务业，促进人与自然的和谐、经济社会发展与水资源水环境的协调，打造绿色转型示范区。

3. 普惠发展先行区

在生态环境综合整治的基础上，以提高人民生活质量为根本出发点，从重视解决各种现实利益问题向注重提升幸福感、获得感转变，不断扩大公共服务受益范围，更高层次地改善群众就医、就学、就业、养老等基本条件，构建普惠型社会保障体系和民生福利体系，让发展成果更多、更公平地惠及全体人民，打造普惠发展先行区。

三　资兴市水环境保护与绿色发展的主要行动

重点实施水源地生态环境保护行动、水体重金属及污染源治理行动、节水型生态型产业培育行动、科技创新支撑行动等四大行动和 14 个重点工程，推动水环境保护与绿色发展协同共进、相融共生。

（一）水源地生态环境保护行动

针对东江湖、湘江源头和集中式饮用水水源地保护现实压力大等问题，实施东江湖水环境保护、湘江水源涵养保护、集中式饮用水水源地保护等三大工程，优化水资源

保护功能区布局，构筑包含生态、防洪、灌溉、供水、信息网的“水利五网”，不断提高水环境保护能力，形成人水协调的现代水资源生态体系。

1. 技术路径

加强水资源保护和水生态建设，着力构建流域水环境安全保障技术支撑体系，开发应用水环境监测预警技术、水污染源阻断和治理技术、水资源保护技术等，解决以东江湖为重点的集中供水水源地和湘江、赣江、珠江源头流域生态环境脆弱、水源涵养能力下降等突出问题，提升水资源保护、水环境安全和可持续性利用能力。

2. 建设工程

东江湖水环境保护工程。一是在东江湖周边中小河流、溪沟开展清水产流机制建设，完善东江湖流域、乡镇污水和垃圾处理设施建设，加强库区入河排污口整治，严格控制入湖污染物排放量。二是大力开展东江湖库区农业面源污染治理，减少农业面源污染入湖。实施东江湖水生态修复保护，开展东江湖沿岸消落带治理、湖滨带生态修复，建设东江湖生态屏障，加强草地和入库河口湿地生态系统修护建设。实施移民搬迁、禽畜养殖控制、测土配方等系统工程项目，加强住宿餐饮行业规范化管理，确保库区周边农家乐污水达标排放。三是适度发展旅游业，减少游客消费污染。加强水面保洁和网箱退水上岸，建设漂浮物中转站，实施水体生物净化、污染底泥治理等净水技

术，确保湖内水体稳定达标。四是完善东江湖流域水环境保护制度。编制《东江湖流域水环境保护规划》（2018～2028年），制定《郴州市东江湖流域水环境保护考核暂行办法》，加快推进生态补偿、排污权交易、环境税费改革、污染责任险，全面建成长效水环境保护制度。到2020年，东江湖流域水源涵养和供水调蓄功能大幅提升，建成最严格的环境保护制度及全方位的生态环境监测网络，流域内重要水源地、水环境敏感区域等重点水域的城镇污水处理全面达到一级A类排放标准。

湘江水源涵养保护工程。一是加强森林生态和生物多样性保护。加强天鹅山国家森林公园天然林保护和生物多样性保护，加快建设长期定位监测站、动物救护站和野生动物人工繁殖基地、森林防火和安全预警监控系统等设施。二是加强湿地生态保护。开展东江湖国家湿地公园保护和项目建设，开展退耕还林还湿试点，构建人工湿地—森林生态系统。三是加强水生态修复。对源头水保护区、水库水源地、森林公园进行小流域水土流失综合治理。加强农田土壤污染治理和修复，对重度污染农田表土进行稳定化处置并进行种植结构调整。加强畜禽粪便无害化处理与资源化利用、农村生活垃圾处置和生活污水防控。

集中式饮用水水源地保护工程。一是加快实施重大饮用水工程。加快完成日供水60万吨东江引水项目，满足郴州市城区和郴资桂城镇群100多万人口的优质饮用水需

求。二是加强饮用水水源地规范化建设。按照《集中式饮用水水源地规范化环境保护技术要求》，全面推进集中式饮用水水源地规范化建设，采取综合措施保障水源地安全。加强重要饮用水水源地的水量、水质、安全监控体系和管理体制达标建设。三是巩固提升农村饮水安全。推广智能城乡垃圾收运系统，促进城乡垃圾和废弃物得到资源化、无害化处理，保障人畜用水安全。到 2020 年，全市形成“水量保证、水质达标、管理规范、运行可靠、监控到位、应急保障”的集中式饮用水水源地安全保障体系。

（二）水体重金属及污染源治理行动

针对历史上矿产资源粗放开采带来的地表水和土壤重金属污染、矿山尾砂淤积，以及有色金属冶炼加工生产方式落后造成的超标排放等问题，重点实施流域重金属污染治理、矿山（尾矿库）治理修复和工业园区污染综合防治等三大工程，加快推进水体污染治理、工业危险废物综合处置、矿山复绿复垦和金属废渣无害化处理与循环利用，实现生态环境治理体系和治理能力现代化。

1. 技术路径

重点推进重金属污染源头控制与过程减排，实施流域重金属源管控技术，组织开展有色金属循环利用和危险废物安全处置成果推广应用，减少重金属污染源向水体的排

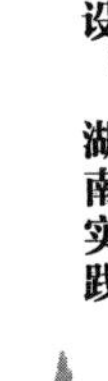

入；构建尾矿砂等典型重金属污染源的管理与治理技术体系；在工业园区推广应用工业“三废”的综合治理与环境管理技术。

2. 建设工程

流域重金属污染治理工程。全面实施河长（湖长）制，建立由各级党组织书记担任第一总河长，行政首长担任总河长的县、乡、村三级河长（湖长）组织体系，统筹河湖保护管理。在各级河长（湖长）领导下，推进重点企业、矿山等重金属污染源的排查摸底工作，建立动态数据库，引进先进适用的重金属污染治理技术对重点污染源和污染区域开展治理。落实《国务院关于实施最严格水资源管理制度的意见》，严格执行水资源开发利用控制、用水效率控制、水功能区限制纳污等规定标准。严格实行入河（湖）排污口监督管理，强化河湖跨界断面和重点水域监测，建立水质恶化倒查机制以及“以水控陆”的入河（湖）排污管控倒逼机制与考核体系，强化排污入河（湖）责任追究。

矿山（尾矿库）治理修复工程。一是开展矿山地质环境综合治理。大力推进绿色矿山建设，积极打造绿色矿业发展示范区，成功创建一批国家级和省级绿色矿山。强化矿业秩序监管和矿山地质灾害治理，修建拦挡坝、防护堤、导流槽、护岸墙等，重点推进资兴市北乡片采煤沉陷区生态修复，有效控制水土流失及废渣淋滤水污染，缓解

矿区及周边区域的生态环境压力。二是加大矿山废弃地和尾矿库治理修复力度。加大山地绿化、生态保护和农村环境整治力度，切实抓好资兴市东江湖东坪金矿区等一批废弃尾砂清理和安全处置工作。

工业园区污染综合防治工程。一是加快园区污水处理设施建设。关停和退出一批工业园区“三高”企业，推进现有企业节能减排和清洁生产改造，制定园区承接项目的资源环境标准，对于不达标的企业和项目一律不予承接。完善工业园区污水处理设施及配套管网建设，实行自动在线监控，确保污水处理设施正常运营、园区废水经处理后达标排放。二是促进工业“三废”达标排放和资源化利用。根据《固定污染源排污许可分类管理名录（2017 年版）》，开展排污许可证专项执法检查工作和专项环境执法行动，重点推进中水循环化利用、水泥窑协同处置固体废物等项目。

（三）节水型生态型产业培育行动

立足水资源利用和水生态保护倒逼机制，以创新驱动产业可持续发展为核心，把水资源可持续利用与绿色发展相结合，针对优质水资源利用率不高、水环境友好型产业占比低等问题，实施有色金属产业优化升级工程、战略性新兴产业培育工程、生态旅游提质工程、高效生态农业创新示范工程、生产性服务业提升工程五大工程，促进有色

金属等传统产业创新升级，培育大数据、生态旅游、生态农业、现代服务业等新产业和新业态，建设工业资源综合利用示范基地、水资源高值利用示范基地，努力实现“创新共山水一色，生态与产业齐飞”的愿景。

1. 技术路径

实施创新引领战略，围绕产业转型升级，资源高效利用，农村一、二、三产业融合等问题，重点推广应用有色金属精深加工、低温地表水冷却关键技术、水上旅游产品开发设计技术、水生态农业示范技术和现代物流信息技术等，实现了有色金属产业迈向中高端、战略性新兴产业特色发展、生产性服务业快速提质、生态旅游和高效生态农业成为经济新增长极的目标。

2. 建设工程

有色金属产业优化升级工程。一是延伸有色金属加工产业链。加强精深加工和循环利用关键共性技术研发和成果转化应用，提升有色金属产品科技含量和附加值，推进铋、锡、钨、白银等有色金属产业链向高端制造和交易两端延伸。二是打造有色金属产业绿色园区。推动有色金属企业入园发展，提高产业聚集度，加快形成产业重点明确、产业链层次清晰、内部小循环与外部大循环协调的绿色发展体系。三是加强稀贵金属综合回收利用。打造循环经济产业化基地，加强从固体废弃物中高效提取稀贵金属的关键技术研究转化，推广含砷固体废弃物和锡渣的资源

化处理技术、工艺和装备，提高白银、铜、锡、锑、铟、锗、镓、铼、铋、硒等稀贵金属回收利用水平。

战略性新兴产业培育工程。一是大力发展大数据产业。加快建设东江湖大数据产业园，与腾讯、阿里巴巴等大数据应用企业开展合作对接，建立智慧社区、康养旅游、远程医疗等新服务模式，布局信息产业链下游。二是大力发展先进制造业。以郴州传统装备制造业为基础，结合自动化控制技术及3D打印技术，开发高速精密数控机床、工业机器人等智能装备。加快发展电子信息产业，大力推进高端电子显示屏等产品的制造研发。引进医疗行业龙头企业，加快发展高端医疗设备和耗材产业。三是大力发展新材料产业。加快建设硅材料产业园，重点研发硅微粉、高纯度硅基材料、光伏光电玻璃等高端产品。

生态旅游提质工程。一是以国家全域旅游示范区创建为抓手，大力开发生态休闲度假旅游。重点推进东江湖风景旅游区生态休闲度假旅游项目开发以及基础设施建设，打造一批综合性和标志性的国家级旅游度假区、国家生态旅游示范区。二是大力发展康养度假产业。加快建设天鹅山等一批森林康养旅游基地，推动生态康养、健康养老、避暑度假等旅游业态发展。三是积极发展特色旅游和乡村旅游。建设好环东江湖生态休闲度假航空小镇、文化旅游特色小镇等一批特色旅游小镇。实施乡村振兴战略，大力发展乡村旅游，依托山水林田湖草等生态资源，建设一批

田园综合体、旅游休闲农庄和精品民宿。

高效生态农业创新示范工程。一是推进现代农业产业园（农业产业集聚区）建设，加快建设资兴流华湾等一批现代农业示范园区，重点打造资兴市罗围百亿级农产品加工园区。二是建设一批绿色生态农产品生产基地和农业产业化龙头企业，发展柑橘、茶叶、有机大米等特色优势农业产业，重点扶持1个国家柑橘优势区域重点县和1个国家茶叶优势区域重点县。三是加快农业灌溉设施和高效节水灌溉项目建设，推广生态循环农业模式，开展化肥、农药、地膜零增长行动，推广应用畜禽养殖粪便资源化利用技术。到2020年，建设5个以上种养结合农牧循环示范基地，畜禽粪便资源化利用率达到80%以上。

（四）科技创新支撑行动

针对资兴市创新人才不足、创新平台不优、研发能力不强等问题，重点实施创新企业培育、创新成果转化、创新平台引进和建设等三大工程，构建以创新需求为导向、以企业为主体、以政产学研结合为支撑的创新体系，增强创新发展关键共性技术攻关能力，提升创新效率和水平，促进产业发展提质增效，有效支撑和引领水资源可持续利用与绿色发展。

1. 技术路径

深入实施创新驱动发展战略，围绕水资源可持续发展

与绿色发展的重大创新需求，实施创新企业培育、创新成果转化、创新平台引进和建设工程，促进科技人才集聚，增强企业创新能力，突破关键技术和共性技术，为水环境保护、水生态治理修复和产业量质齐升提供强有力的支撑。

2. 建设工程

创新企业培育工程。坚持增量崛起与存量变革并举，打造“众创空间 + 科技企业孵化器 + 产业园”的科技企业孵化链和“规模企业专利扫零 + 组建技术研发中心 + 培育国家高新技术企业”的科技企业培育链。实施“资兴市高新技术企业倍增计划”，引导企业等创新主体建立研发准备金制度，加大高新技术企业税收减免、研发经费加计扣除等鼓励创新政策的落实力度。到 2020 年，力争全市高新技术企业突破 20 家，并从中扶持 5 家核心竞争潜力大的创新企业，重点培育 2 家行业技术领先标杆企业。

创新成果转化工程。加快建立和完善与中科院、中南大学、湖南大学、湖南有色研究院的市校、市院合作平台，采取“企业主体、政府支持、高校参与”建设模式，形成“产业 + 企业 + 创新研究院 + 成果转化”的科研成果转化应用格局。围绕生态环境保护、重金属及污染源治理、节水型生态型产业培育等方面，引导本土企业联合高校院所开展科研和成果转化，重点引进污水处理新技术。加强与中国科学院、中国环境科学研究院等科研院所的合

作，发挥院士工作站的作用，为东江湖生态环境保护与资源开发利用提供技术和政策支撑。加强与生态环境部相关科研院所合作，开展流域重金属污染综合防治工作。加速创新成果产权化，建立可持续发展领域重大经济科技活动知识产权评议机制，进一步开展专利布局和保护。

创新平台引进和建设工程。依托亚欧水资源研究和利用中心，建设东江湖深水湖泊智能监测与生态修复国际合作创新服务平台，建立东江湖深水湖泊多维度智能监测体系、流域生态大数据与信息服务中心、国际湖泊技术转移转化服务中心、综合实验室等，打造具有国际影响力和号召力的涉水科研与协调机构。推进东江湖创新与可持续发展示范基地平台建设。开展水域机器人、精密机床、中高端铸锻造、光学材料、石墨烯材料等重点实验室、企业创新中心、院士工作站和技术创新联盟建设。加大科技咨询、检验检测、创业孵化、科技金融等专业服务机构的引进培育。

四　资兴市水环境保护与绿色发展的组织管理与运行机制

推进资兴市水环境保护与绿色发展协同共进和有效结合，需要加强组织领导，完善考核问责机制；加大财政支持力度，形成水环境保护与绿色发展资金的稳定投入机

制；建立健全生态保护体制机制，强化科技创新的支持和引领作用。

（一）加强组织领导，严格考核问责

1. 成立建设工作推进领导小组

资兴市成立了水环境保护和产业绿色发展工作推进领导小组，由市长任组长，相关市领导任副组长，全市各有关部门为成员，贯彻落实中央和省、市生态文明建设的重大部署，形成省、市、县共同推进的工作机制和强大合力。在领导小组指挥协调下，组建工作团队，开展各项具体工作，落实领导小组的各项决策和任务。

2. 构建综合考评体系

将水环境治理与产业绿色发展各项工作纳入市委、市政府年度综合绩效考核体系，出台事前审核、事中规范、事后考评、结果与干部使用挂钩的全过程跟踪考核评价办法，最大限度发挥领导干部干事创业的积极性。

3. 严格考评结果落地

客观运用考核结果，让能者上、平者让、庸者下，确保有力、有序、有效地推进生态文明建设各项工作。加强对生态文明建设全方位监督，引导各级干部真抓实干、比学赶超，提高工作效能，使生态文明理念转化为各级干部的自觉行动。

（二）完善财政保障，推进多元融资

1. 落实财政专项资金

全面落实国家有关生态文明建设、节能环保、新能源、资源综合利用等方面的各项优惠财税政策。加大财政支持力度，市财政预算安排专项资金，支持水环境保护与绿色产业发展的各项工作。统筹安排资兴创新发展方面的引导、专项资金，进一步完善政府引导、市场运作、社会参与的多元投入机制。

2. 大力发展绿色信贷和保险

支持银行业金融机构建立服务绿色企业和项目的信贷管理制度，有效降低绿色信贷成本。鼓励银行机构创新绿色信贷品种，加大绿色信贷投放力度，支持高端装备、电子信息、生物医药、新材料、新能源、生态环保等科技创新型产业发展。充分利用再贷款、再贴现等货币政策工具，对在绿色信贷方面表现优异的金融机构给予一定政策倾斜。发挥绿色保险市场化风险转移、社会互助、资金融通、社会治理等方面的优势，完善绿色企业科技保险分担机制。

3. 全力支持绿色融资

优先支持符合条件，具有绿色、创新和可持续发展概念的企业上市或挂牌融资，积极协调解决其上市（挂牌）过程中的困难和问题。积极争取国家政策性金融、开发性

金融为资兴市绿色、可持续发展产业、企业、领域和项目提供中长期低成本政策性贷款。

4. 探索发展科技金融

组建政府可持续发展创新成果引导基金，对现有产业引导资金进行整合，围绕产业链设立成果转化引导基金，采取股权投资、风险投资和贷款贴息等多种手段，对创新型重点企业和重点技术转化给予支持。鼓励民间筹集投资基金和建立风险投资公司，引导资兴市民间资本进入创业投资领域。进一步完善风险资本退出机制，积极探索开展非上市股权转让交易试点，为企业并购重组、股权交易、创业风险投资退出等提供政策依据。鼓励金融机构建立科技支行，开设科技贷款项目，对于列入国家高新技术企业或科技型中小企业名单的企业增加信用贷款额度，开设订单贷、收入贷、期权贷、基金保、知识产权质押贷等产品种类。

（三）健全补偿机制，激活市场机制

1. 严格落实生态保护奖惩机制

严格落实国家、省、市出台的有关水环境保护与产业绿色发展的政策规章制度，组织开展生态红线制度建设改革试点，探索建立东江湖流域水质水量奖罚办法。对碰触生态红线、损害水生态环境、到期未达到排放标准的企业和个人，予以严惩，所获资金用于奖励对改善水生态环境有重要推动作用的企业与个人。

2. 建立流域生态补偿机制

以河湖长制的实施为契机，逐步探索建立自然资源产权制度与核算方法；引入市场机制和区域会商协商机制，探索建立水权、排污权交易机制及河湖流域上下游间的生态补偿机制，通过资金补偿、产业转移、飞地园区建设等手段，实现河湖流域上下游生态与产业的良性发展。

3. 建立生态环境保护激励机制

研究制定税收优惠、存储退还机制等环境保护激励政策，充分发挥公共财政四两拨千斤的引导作用，采取“先建后补、择优补助、以奖代补”等形式对有典型示范意义的水生态文明建设项目进行重点奖补。加大对水生态文明建设先进典型的宣传推介力度，并通过资金奖励、税收返还等形式予以激励，鼓励和调动全社会建设水生态文明的积极性、主动性和创造性。

第八章

跨地区流域生态综合治理改革创新的“水府庙模式”

跨界河湖（库）的水生态治理是一个“老大难”问题，北美五大湖、日本琵琶湖和我国太湖等流域的生态综合治理都历经了一个长期、曲折的探索历程。2017 年 11 月，国家在河长制的基础上出台了《关于在湖泊实施湖长制的指导意见》，从严格湖泊水域空间管控、强化湖泊岸线管理保护、加强湖泊水资源保护和水污染防治、加大湖泊水环境综合治理力度、开展湖泊生态治理与修复和健全湖泊执法监管机制 6 个方面提出了建设任务，并明确提出要强化分类指导、完善监测监控、严格考核问责。当前，虽然河长制和湖长制进入了全面实施和加速完善阶段，但是由于长期以来的行政区划和利益分割、权责界限

不清晰、经济发展对资源环境的巨大压力、流域管理机构权限不足等问题，跨界河湖的生态综合治理经历着逐步探索和完善的过程，湖南水府庙水库的流域生态综合治理改革创新实践为跨界河湖治理提供了典型经验。

一　水府庙水库流域生态现状

水府庙水库横跨湘潭市湘乡市和娄底市娄星区、双峰县三县（市、区），是湖南省“两型社会”建设的重要功能区，也是湖南重要生态系统保护与修复重大工程，水库对于维护长株潭地区、湘中地区的生态平衡有着至关重要的作用。自长株潭城市群获批全国资源节约型和环境友好型社会建设综合配套改革试验区以来，水府庙水库承载了跨界流域综合治理的改革示范重任，其目的就是要打破现有条条块块分割的管理治理模式，以流域作为一个完整的区域单元，将其中的水利等自然资源开发利用、旱涝灾害防治、农田水利等基础设施建设以及土地利用、资源调配等，统筹规划，综合治理。

（一）水府庙水库流域生态发展基础

水府庙水库素有“湘中明珠”“三湘西湖”之称，是湖南重要的水生态功能区。库区面积 50.5 平方公里，其中湘乡占 87%，娄底占 13%；总库容量 5.6 亿立方米，

最高水位94.6米；库岸线长431公里，其中湘乡占90%，娄底占10%；拥有100多个库湾，34个岛屿。2011年，湘潭市委、市政府设立水府示范区，2013年3月，成立水府示范区筹备委员会。2017年6月，实行政企分开，设立水府旅游区管委会和湘潭水府投资建设开发有限公司2个正科级单位。2019年2月，湘乡市委、市政府出台《水府庙水库管理保护联席会议制度》，水府庙水库管理局作为水库唯一的合法工程管理单位参与水府庙水库保护。

水府庙水库以防洪、灌溉为主，兼顾供水、发电、航运、旅游、湿地维护等综合功能，发挥了巨大的经济社会生态效益。水库承担着涟水流域的防洪任务，通过滞洪调蓄、削减洪峰，减轻上下游防洪压力和减少洪涝损失，确保上下游广大人民群众的生命财产安全。水库是周边地区的重要灌溉水源，灌区范围涉及长沙、望城、宁乡、湘潭、韶山、湘乡、双峰等7个地区，灌溉100万余亩良田。同时，作为长株潭城市群最大的淡水湖，水府庙水库是娄底市和湘乡市的主要饮用水源地，湘潭市的备用水源地，长株潭的第二水源地，枯水期还承担向湘江补水的功能，是湖南省构建“一湖三山四水”生态安全战略格局的重点水库，承担着重要的生态维护功能。水府庙水库是国家湖泊生态环境试点，先后成功获批“水府庙国家湿地公园”“国家AAAA级旅游景区”和“国家水利风景区”等国家级品牌。

（二）水府庙水库流域生态存在的问题

水府庙水库横跨湘潭市和娄底市两个地级市，但是湖南省并没有设立水府庙水库的省级“湖长”，水府庙示范区作为流域管理机构权限不足，很难统筹协调两个地区的行政资源。同时，水库地处湖南重要工业基地——娄底市下游，周边人口众多，各类生产生活垃圾造成污水排放量居高不下。水库生态移民规模庞大，居民生态保护意识不足，也对库区生态环境治理和维护提出了挑战。

1. 水体污染防治形势严峻

位于水府庙水库流域上游的娄底市是湖南省重要的工业基地，人口众多，重化特征明显，冶金、建材等重工业发达，每年都要向库区排放大量不达标废水，加之城市发展带来的生活污水和固体垃圾不断增加，工业废水、畜禽养殖和生活污水与垃圾得不到有效控制，对水库水质构成严重威胁。根据库区管理机构提供的影像资料显示，每逢汛期，水库水上漂浮垃圾成堆，触目惊心，虽有跨域水质补偿机制，但娄底市对湘潭市每年补偿的几百万元与水质整体提升的投入相比，简直是杯水车薪。曾经可以直接饮用的一湖清水，逐渐恶化到Ⅳ类水质。

2. 库区生态保护思想统一难

库区周围居住着大量渔民，长期以来“靠水吃水、

靠山吃山，投入少、来钱快”思想根深蒂固，炸鱼、药鱼等对水库资源进行无序掠夺开发的活动已存在多年，难以从根本转变。由于沿库涉及湘乡市的毛田镇、溪口渔场，双峰县的杏子铺镇，娄底市的娄星区、经开区，环境十分复杂，各种水事违法行为经常发生，基建渣土随意倾倒入库，网箱拦网养殖无序摆放，主河道内各种非法捕鱼工具、网箱充斥，挖沙船只数十艘同时作业，各种粪便、肥料肆意投放，水质日益恶化，水库的防洪、灌溉、供水功能受到了严重的威胁。当地政府提出“要注重保护和利用相结合，推进有序开发，实现可持续发展”的思路，并在资金投入、设施建设、行为奖惩等方面付诸实施。虽然库区保护和开发行为本质上的对立在短期内可能不会爆发，但在事关长期的生计问题上，民众遇到问题必定归咎于政府的环境保护政策和行动，如不重点考虑和提前部署将造成社会不稳定。

3. 生态移民任务较重

目前，居住在水府庙水库的岛屿和库岸沿线居民近3000 户，随着库区生态环境保护和旅游开发力度的不断加大，政府已规划实施库区移民计划，有序组织居住在岛屿和库岸沿线内的居民搬迁出去。但由于涉及数量庞大，分属不同行政区域管辖，投入资金和人力规模较大，移民后居住和就业问题突出，任务量很重，市、县一级政府难以独立组织完成。

4. 管理体制机制没有理顺

由于水府庙水库地跨两市三县，对水库有一定管理权限的单位、部门有 9 个之多，省里也没有设立相应的湖（库）长，在环境保护上没有形成统一的管理机制。2013 年成立的水府示范区至今已有 6 年之久，但仍是临时机构，没有行政和执法管理的职权，仅仅在环境保护中起牵头与协调的作用，在旅游开发利用上也没有征地、拆迁等系列行政管理职权，体制机制的不顺导致工作效能和工作成效大打折扣，行政运营成本较高。虽然在水库的生态综合管理上形成了湘潭、娄底两市联席会议制度，但每年仅一次的会议跨度时间较长，并且在大方向的决策上着力较多，而在生态保护细节落实督查上力度有待增强；突击行动和专项行动较多，而常态化管理机制未建立、未落实，导致区域生态环境存在较多薄弱环节，好坏反复。

二　水府庙水库流域生态综合治理改革创新的主要做法

立足于水府庙水库主要存在的生态问题，在流域环境承载力和流域水生态功能分区的基础上，以水府庙水库为核心，以涟水、孙水河、侧水河源头控制为重点，通过“一整一调，二建二推”的思路，即整治流域生态环境、

调整流域产业结构、建立流域生态补偿机制、建立法制保护体系、推进主要污染物减排、推进水资源管理利用制度改革，创建生态安全保护、供水安全保障、产业协调发展体系。从而构建人与自然和谐的生态网络，提高生态文明水平，实现水府庙水库跨地区流域科学发展。

（一）完善顶层设计

湖南省生态环境厅等省直单位多次指导水府庙流域综合治理与建设工作，库区通过省人大代表提案形式与生态环境厅等省级单位就区域发展积极互动，省地之间构建了上下联动的工作机制。围绕水府庙库区环境保护、水体质量改善、生态恢复工作，湘潭、娄底两市政府建立了由两市市长担任总召集人的定期联席会议制度，发出《共同保护水府庙行动宣言》，建立了破除行政区划壁垒、跨区域会商协调、联防联控联治等共同保护与开发的工作机制，建立了“同库同策”管理格局，形成了共同管理、互相监督的管理模式，实现共建、共护、共享、共赢。湘潭市与湘乡市围绕水府庙水库和国家湿地公园建设，全面推行“河长制”，建立了完善的内部协作机制。完成库区内河、库、渠、塘的登记造册，市级、乡镇领导和行政村书记担任河长、库长、渠长、塘长，明确责任范围，细化管理制度，落实建设措施，统筹推进了水府庙库区的保护与治理。

（二）出台政策方案

围绕“两型社会”建设目标，通过水府庙水库跨地区流域生态综合治理改革，相继出台了《水府庙水库生态环境保护实施方案》《水府庙水库网箱养殖取缔工程和渔业秩序专项治理工作方案》《水府庙水库水环境监测方案》《湘乡市环保工作联席会议制度》《水府庙水库拦库养殖退出工作实施方案》《水府庙库区生态环境综合整治实施方案》等相关规章制度，形成了水环境综合治理、生态修复与保护、产业结构优化、管理体制机制创新等体系，实现了水府庙水库及涟水流域河流健康，环境质量、饮用水源水质全面达标，生态全面修复等成效。在提升国家水利风景区、国家湿地公园试点的基础上，切实稳定一库清水，为2020年前将水府庙水库打造成为国家湿地公园典范、国家级生态旅游休闲基地和长株潭城市群饮用水源备用基地打下了坚实的基础。

（三）推进主要污染物减排

坚持源头预防和全过程控制协调推进的原则，促进经济发展方式的转变，推进清洁生产，强化企业节能减排，降低产污排污强度。以流域资源环境承载能力为依据，建立污染减排、淘汰落后产能完成情况与新建项目相结合的

机制，实施“等量淘汰（置换）”或“减量淘汰（置换）”。严格落实限制“两高一资”各项政策，禁止水库周边30公里范围内新建制浆造纸、印染、皮革等项目，彻底“关停并转”一批高耗能、高污染、高排放企业和项目。积极引导有色金属、化工等污染严重的企业向专业园区集中，工业园配套建设污水收集系统，达到一定规模必须建设污水处理厂。着力引进污染物减排技术和清洁生产技术，加大企业污染深度治理和工艺技术改造力度，提升行业污染治理技术水平。完善县级以上城镇污水处理工程，推进建制镇建设污水处理厂，因地制宜推进农村分散式污水处理设施建设。鼓励企业进行污水处理再生水循环利用。

（四）调整流域产业结构

依据水库流域的水资源量和时空分布特征，进行充分的水资源论证，结合区域自然条件和社会经济发展需求，逐步调整优化产业和产品结构，重点推进娄底市重化工业改造，保证水资源的可持续利用和中长期供需平衡，达到既满足社会经济发展要求，又能很好地保护水资源和水环境的目的。实施严格的产业环境准入制度，严禁耗水量大、污染重的企业扩大生产规模，对于不符合产业环境标准的企业和项目，一律不予引入或承接。制定奖惩措施，引导企业加快科技创新、技术升级与产业转型，逐步降低

经济发展中的“重化”特征。加快发展技术含量高、资源和能源消耗少、污染物排放量低的产业，鼓励发展节能环保低碳产业，积极发展生态文化旅游和生态健康产业，在不降低经济发展速度的同时降低能源消耗、污染物排放和水资源使用水平。

（五）整治流域生态环境

在水库流域实施生态环境整治全覆盖，加大工业企业水污染治理力度，依法关闭或搬迁重化工业企业，勒令污染大的规模养殖户退出库区。加强环保基础设施建设，开展环境安全隐患大排查，形成常态化巡查制度，对废水超标排放的企业分别采取限期治理、停产治理、责令关闭等措施，切断污染链条。加强环境综合治理力度，清理整顿严重影响流域生态环境的违法建设项目及设施，全面遏制乱填乱围、乱砍滥伐、乱采乱挖、乱养乱排、乱出租乱转让等突出问题，引入第三方专业公司进行库区卫生清洁、水上垃圾打捞、垃圾清运、绿化维护。加强湘潭、娄底两市生态建设、国土整治、水利工程、林业建设等项目向水府庙流域倾斜，库区周围城镇、农村均配套建设垃圾、污水处理体系。

（六）建立流域生态补偿机制

按照“谁开发谁保护、谁破坏谁治理、谁受益谁补

偿”及“利益共享、责任共担”的原则，落实污染治理与生态修复的主体责任，依法足额征收排污费及生态修复费，加大对污染防治、产业结构调整、企业搬迁、生态移民等补偿资金的投入。积极争取国家大江大河治理专项资金和省级财政专项资金，统筹各渠道资金，重点向水府庙流域倾斜。娄底市在现有的对湘潭市的补偿资金基础上，逐年加大生态补偿力度，用于库区生态的整治。对库区内网箱养鱼、水上餐饮、生猪养殖等退出、拆除给予资金补助、移民安置和帮助就业等相关政策支持。设立水府庙水资源保护与利用专项资金，对征收的资源与环境补偿费用，专款专用。

（七）推进水资源管理利用制度改革

制定和完善流域与行政区域用水总量控制与定额管理、水资源论证与取水许可、水质管理等制度，严格水资源取水许可与有偿使用制度。建立水资源宏观总量控制与微观定额管理指标体系，层层分解明晰用水权，按行业分配后逐级分解。政府加强水权管理的宏观调控，并引入市场化机制，包括水权交易市场、供水市场、废污水处理市场等。积极推进水价改革，深化政府对水价的科学调控制度，建立良性水价形成机制。逐步实行居民生活用水阶梯式计量水价制度，推进农业节水与农业水价的综合改革。

（八）建立法制保护体系

严格落实湖南省、湘潭市和娄底市出台的水资源利用和水生态保护的各项水务法规、标准和规范，强化涉水事务的社会管理和公共服务，实行依法监管。全面推进“河湖长制”，并实行库长、渠长、塘长协同管理，在水资源保护和水污染防治等方面，进一步明确责任范围、细化管理制度、落实监督措施，确保相关保护和治理工作能够真正落实到位，并取得实效。制定并实施鼓励节水、再生水回用及雨水利用的政策措施。制定并实施排水、供水、再生水管理办法。

三　水府庙水库流域生态综合治理改革创新的主要成效

水府庙水库通过流域生态综合治理，在生态建设、经济社会发展和宣传影响方面取得了明显成效。流域产业结构和布局进一步优化、生产生活垃圾污水入库情况得到了明显缓解，库区居民通过发展生态旅游、生态养殖等产业减少了对库区生态环境的扰动，水府庙水库流域生态综合治理经验在全省和全国广泛推广。

（一）生态效益

水府庙水库跨地区流域综合治理改善了生态环境，通

过植被保护和恢复，提高植被覆盖率，构建了稳定的湿地生态系统，生物的多样性得到有效维护。强化了对库区水禽栖息地的保护，使得野生动物、植物的生活环境得到了明显改善，为众多的水禽栖息、繁殖提供了良好场所。通过优化流域产业结构、关停并转“五小企业”、推进企业清洁生产改造、取缔拦网网箱等措施，入库污染物排放负荷削减，能见度大幅提高，水库水质由Ⅳ类水质提升到了2018年的Ⅱ类水质。区域水环境得到了明显改善，整个水库呈现出了山清水秀、鸟语鱼欢、波光旖旎的宜人宜游的山水景观。

（二）经济效益

水府庙水库跨地区流域生态综合治理对地方经济的发展起到促进作用，一些具有重要经济价值的水生植物如莲、藕、菱等，以及重要野生渔业资源的恢复，直接带来了可观的经济收入。基于良好的生态环境，通过开展生态旅游，发展第三产业，为当地居民带来更多的就业机会，增加了收入来源。如境内的棋梓镇、毛田镇人均收入增加到1万元/年，特别是位于水库核心区的居民，通过在生态度假酒店和生态休闲旅游公司务工并开展土特产经营，年收入较高的可达到每户20万~30万元。2018年通过水库流域生态环境保护与治理，单水府庙的游客就增加10万人次，同比增长20%，门票及附属收入增加2000多万

元，旅游综合收入同比增长 20%，77.6% 的自驾游客将水府庙景区旅游冠以“家庭户外观光休闲度假首选地”。

（三）社会效益

水府庙水库跨地区流域生态综合治理进一步使长株潭的水源地保护形成一个有机整体，在灌溉、防洪、保护生物多样性、提供生产生活用水、应对气候变化、发展社会生产力、建设生态文明等方面起到了重大作用。湘潭市委、市政府设立“湘潭水府示范区”并被纳入“湘潭市两型社会建设综合示范片区”，加快推进水府庙水库跨地区流域综合治理改革。同时，通过全面开展“两型社会”综合片区创建，水府大道、景区生态停车场上古色古香的标识标牌系统明确标示了景区所有功能，为老百姓的居住营造了良好的环境，群众保护环境、建设“两型社会”的意识得到了增强，涌现出了一批中央、省级、市级两型村庄、企业、项目。

（四）宣传影响

水府庙水库治理项目被列入湘乡市“十三五”规划重大项目库，为实施该项改革工作，湘乡市还设立“水府庙水库湿地管理处”。水府庙目前已获批“国家湿地公园”、成功创建为“国家 AAAA 级旅游景区”、水府村被列为省级“美丽乡村”示范村，水府示范区还是长株潭“两型社

会”综合配套改革试验区生态休闲度假服务基地、国家良好湖泊生态环境保护试点单位，享有“天下水府，人间瑶池”的美誉。水府庙水库跨地区流域生态综合治理改革经验通过中央电视台、中国网、大众网、湿地中国、中国水产网、《湖南日报》、《湘潭日报》、红网等媒体多次采访、宣传和推介，进一步扩大了知名度和影响力。

四　水府庙水库流域生态综合治理改革创新的基本经验

水府庙水库通过流域生态综合治理改革创新形成了基本经验，就是要通过管理体制的创新实现流域生态保护的合力，通过严格执行产业项目发展和准入标准，推进流域产业结构与布局优化，通过人工保护和自然恢复相结合，实现库区湿地的综合治理，通过政府和市场的有机结合，解决流域生态综合治理的资金瓶颈。

（一）创新水库流域管理机制

编制了水府示范区的总体发展规划，流域各区域实施“方案一同编制、项目一同申报、项目一同实施、效果一同明显”4个“一同”协同治理机制。流域管理机构与省生态环境厅等省直单位建立了上下联动的工作机制，强化上级单位对水府庙水库生态环境治理的指导。流域内的湘

潭、娄底两市建立市长联席会议制度，定期商讨解决流域生态治理和保护的重大问题。湘潭、娄底两市分别设立流域管理办公室负责日常统筹协调职能，并建立了每季度一次的水府庙水库生态环境保护联席会议制度。

（二）创新产业项目发展和准入机制

严格执行开发建设项目水土保持方案报告制和水土保持“三同时”制度，严格落实水土流失防治责任，严厉整治库区乱搭乱建等违法、违章行为。关停淘汰库区水污染程度较严重的金兔纺织厂、翻江镇造纸厂、湘乡市鸿发金属加工有限公司、壶天镇五氧化二钒冶炼厂等高污染、高耗能企业，并对遗留污染源进行了清理和生态修复。严格落实产业项目准入机制，对不符合产业环境标准的企业和项目，一律不予转入或承接。开展畜禽养殖污染整治行动，退出溪口渔场规模养殖户 6 家，严格对库区养殖户存栏 100 头以上新建猪场的项目审批，积极推广发酵床养猪技术。

（三）创新库区整体整治机制

组建综合执法部门，联合渔政、林业、公安、海关等部门建立联动巡查和快速出警机制。关停非法洗砂采砂场，对采砂船只予以改造或没收。成立库区渔业秩序综合治理领导小组，严厉打击毒鱼、炸鱼、电鱼等违法行为，

坚决取缔“迷魂阵”等非法渔具。制定《湘乡市水府庙库区专项整治工作方案》及河道采砂、围垦填库、网箱（拦网）养鱼3个专项整治方案，依法设立了禁养区，规范了限养区、放养区。开展源头治理，全面取缔水上餐饮，实现了库区水域水上餐饮零污染。通过政府购买公共服务的方式，公开招标引入第三方物业公司，与其签订清洁、水上垃圾打捞、垃圾清运及绿化维护合同，建立库区面源垃圾收集处置责任包干机制，实现库区生活及水面垃圾日常处理及时到位。全力推进了棋梓、翻江等库区集镇污水处理厂、重点区域污水处理设施及清水塘地埋式污水处理工程的建设。

（四）创新湿地保护机制

按照国家湿地公园的相关要求，采用自然恢复和人工促进恢复模式相结合的思路，利用湿地生态学和恢复生态学原理进行植被恢复，提高植被覆盖率，构建稳定的库区湿地生态系统。为保护湿地生物多样性，财政每年安排资金百万元用于种植水生植物、亲水植物和耐湿性植物，构成一个稳定的植物生态环境，吸引候鸟栖息停留。为及时掌握湿地植物、鱼类及主要水禽种群的数量，设立监测站点，购置了监测设备和巡护车辆，建立主要指标技术档案。针对湿地参观游客环境意识不强的现状，建设科普宣教设施，采用图片、文化墙等多种形式，全方位展示库区

湿地公园的规划、湿地的相关知识和湿地的重要性。与周边七大城市群的旅行社签订合作协议，制定旅游者行为规范，使湿地公园科普宣教手段更加完善。加大财政、政策倾斜，大力推进雷公塘内湖湿地建设、棋梓镇坪湖村（雷公塘）湖滨带建设。棋梓镇坪湖村（雷公塘）湖滨带建设项目成为省级两型发展项目。

（五）构建水库流域治理融资新模式

全力打造长株潭城市群休闲旅游基地，实行政企分开，设立水府旅游区管委会和湘潭水府投资建设开发有限公司，建立了“产权明晰、权责明确、管理科学”的区域管理机制。针对基础设施落后的现状，组建了水府投融资公司，筹措资金近3亿元，重点改造和建设水府庙库区电力、自来水、污水管网、生态停车场、休闲小镇等配套基础设施。探索建立了水库休闲旅游全景图、导览图、景物介绍牌、标识牌等独具地方特色的引导标识系统。推动政府与社会资本合作，探索运用PPP模式引进战略投资者，共投资30亿～50亿元进行景区基础设施建设和旅游项目开发，其中水府示范区与北京东方园林股份有限公司采取PPP模式合作融资，共同投资5个亿建设核心景区景观、生态修复基础设施项目，形成“水库保护+休闲旅游”模式。

参考文献

[1] 谷树忠、谢美娥、张新华：《绿色转型发展》，浙江大学出版社，2016。

[2] 张剑：《社会主义与生态文明》，社会科学文献出版社，2016。

[3] 全国干部培训教材编审指导委员会：《推进生态文明建设美丽中国》，人民出版社，2019。

[4] 湖南省社会科学院绿色发展研究团队：《长江经济带绿色发展报告（2017）》，社会科学文献出版社，2018。

[5] International Conference on Water and the Environment. The Dublin Statement on Water and Sustainable Development.

[6] Cole, M. A., Elliott, R., and Shan shan, W. "Industrial Activity and the Environment in China: An Industry - Level Analysis", *China Economic Review*, 2007, 19 (3): 393 - 408.

[7] Kuosmanen T. "Measuring eco-efficiency of production with data envelopment analysis". *Journal of Industrial Ecology*, 2005, 9 (4): 59 – 72.

[8] 刘於清:《党的十八大以来习近平同志生态文明思想研究综述》,《毛泽东思想研究》2016 年第 3 期。

[9] 李干杰:《大力宣传习近平生态文明思想　推动全民共同参与建设美丽中国》,《社会治理》2018 年第 6 期。

[10] 许海东:《习近平新时代生态文明思想的内涵要旨及其时代指向》,《广西民族大学学报》(哲学社会科学版) 2018 年第 5 期。

[11] 周黎安:《中国地方官员的晋升锦标赛模式研究》,《经济研究》2007 年第 7 期。

[12] 戴胜利:《跨区域生态文明建设的利益障碍及其突破——基于地方政府利益的视角》,《管理世界》2015 年第 6 期。

[13] 李健、钟惠波、徐辉:《多元小集体共同治理:流域生态治理的经济逻辑》,《中国人口·资源与环境》2012 年第 12 期。

[14] 杨龙、胡晓珍:《基于 DEA 的中国绿色经济效率地区差异与收敛分析》,《经济学家》2010 年第 2 期。

[15] 李强:《产业升级与生态环境优化耦合度评价及影响因素研究——来自长江经济带 108 个城市的例

证》，《现代经济探讨》2017 年第 10 期。
[16] 王毅、苏利阳：《解决环境问题亟需创建生态文明制度体系》，《环境保护》2014 年第 6 期。
[17] 卢维良、杨霞霞：《改革开放以来中国共产党人生态文明制度建设思想及当代价值探析》，《毛泽东思想研究》2015 年第 3 期。
[18] 顾钰民：《论生态文明制度建设》，《福建论坛》（人文社会科学版）2013 年第 6 期。
[19] 黄蓉生：《我国生态文明制度体系论析》，《改革》2015 年第 1 期。
[20] 秦书生：《改革开放以来中国共产党生态文明建设思想的历史演进》，《中共中央党校学报》2018 年第 2 期。
[21] 关琰珠、郑建华、庄世坚：《生态文明指标体系研究》，《中国发展》2007 年第 2 期。
[22] 王芳、李宁：《基于马克思主义群众观的生态治理公众参与研究》，《生态经济》2018 年第 7 期。
[23] 邓翠华：《关于生态文明公众参与制度的思考》，《毛泽东邓小平理论研究》2013 年第 10 期。
[24] 施生旭、陈爱丽：《我国生态文明建设中的公众参与问题研究》，《林业经济》2016 年第 3 期。
[25] 刘叶叶、毛德华等：《湘江流域水质特征及水污染经济损失估算》，《中国环境科学》2019 年第 4 期。

[26] 何甜、帅红、朱翔：《长株潭城市群污染空间识别与污染分布研究》，《地理科学》2016年第7期。

[27] 陈耀龙：《资源型县域产业转型发展研究——以湖南桂阳为例》，《现代企业》2019年第2期。

[28] 王青松、宁雅婧：《“四化两型”下湖南武陵山区产业转型战略研究》，《农村经济与科技》2018年第11期。

[29] 潘东华、贾慧聪等：《东洞庭湖湿地生态系统健康评价》，《中国农学通报》2018年第36期。

[30] 廖丹霞、谢谦、杨波：《洞庭湖湿地生态系统健康演变的研究》，《中南林业科技大学学报》2014年第6期。

[31] 赵晟洪：《产业融合视角下传统工矿城镇转型发展探究——基于湖南郴州典型案例分析》，《时代金融》2018年第12期。

[32] 胡可、潘永红：《创新、协调、绿色、开放、共享发展理念引领湖南水生态文明建设的启示》，《湖南水利水电》2019年第1期。

[33] 陈文广：《从“伐木经济”到绿色发展——湖南绥宁的生态文明实践》，《林业与生态》2019年第8期。

[34] 曾献超、匡跃辉：《打造“东方莱茵河”——湘江水污染治理十年回顾与展望》，《湖南行政学院学报》2013年第2期。

[35] 郭晶、王丑明等：《洞庭湖水污染特征及水质评

价》，《环境化学》2019 年第 1 期。

[36] 赵丽子、石林等：《对强化湖南农村中小河流河长制工作的思考》，《中国水利》2019 年第 14 期。

[37] 隋易橦、王育才：《耕地重金属污染治理社会化法律对策研究——基于湖南省长株潭重金属污染耕地修复综合治理试点分析》，《法制与社会》2018 年第 13 期。

[38] 胡爱萍：《构建湘江水污染防治环境税收政策的国际经验与借鉴》，《商业会计》2014 年第 2 期。

[39] 杨柳青、范艳丽、周琪瑶：《灌木植物资源调查及墙体绿化应用潜力分析——以湖南壶瓶山自然保护区为例》，《中南林业科技大学学报》2019 年第 6 期。

[40] 彭才元：《湖南茶陵东阳湖国家湿地公园规划浅谈》，《林业与生态》2018 年第 10 期。

[41] 黄伟清：《湖南郴州：积极探索南方山丘区水生态文明建设“郴州模式”》，《中国水利》2017 年第 21 期。

[42] 山红翠、盛东等：《湖南郴州市水生态文明评价指标体系构建》，《人民长江》2016 年第 S2 期。

[43] 韩晓磊、刘阳、肖珂等：《湖南地区蚕桑产品重金属污染监测及风险研究》，《南方农业》2018 年第 25 期。

[44] 周俊驰、刘孝利等：《湖南典型矿区耕地土壤重金属空间特征研究》，《地理空间信息》2018 年第 8 期。

[45] 田书荣、李子杰、康祖杰等：《湖南壶瓶山国家级自然保护区范围与功能区调整及其影响研究》，《林业资源管理》2019 年第 2 期。

[46] 蒋崇利：《湖南九嶷山国家级自然保护区总体布局及保护管理探讨》，《南方农业》2018 年第 27 期。

[47] 孙春美：《湖南某化工厂遗址重金属污染特征与电动修复实验研究》，北京化工大学硕士学位论文，2017。

[48] 朱林英、左文贵、张道勇：《湖南某煤矿开采引发的地质环境特征及综合治理措施》，《内蒙古科技与经济》2017 年第 1 期。

[49] 许云海、刘亚宾、伍钢等：《湖南某铅锌锰冶炼区总悬浮颗粒物重金属来源及健康风险评价》，《环境污染与防治》2019 年第 7 期。

[50] 刘艺容、蔡伟：《湖南农村生态文明建设难点及其对策》，《农村经济与科技》2013 年第 3 期。

[51] 郑彦妮、李鹏程：《湖南生态文明建设研究》，《湖南社会科学》2015 年第 2 期。

[52] 吴会平、曾昭军等：《湖南石漠化综合治理途径探讨》，《中南林业调查规划》2011 年第 1 期。

[53] 姚行正、王忠诚等：《湖南水府庙国家湿地公园生

态旅游环境和空间容量分析》，《中南林业科技大学学报》2017 年第 9 期。

[54] 李志良、刘俊、朱允华等：《湖南湘江铜锈环棱螺中 5 种重金属元素富集和分布特征》，《湖南生态科学学报》2019 年第 1 期。

[55] 常耀中：《湖南湘江新区产业转型升级促进政策研究——交易成本视角》，《经济研究导刊》2016 年第 19 期。

[56] 罗志勇：《湖南攸县城乡环境综合治理模式研究》，中南林业科技大学农业推广硕士学位论文，2013。

[57] 金程：《湖南有色金属产业转型升级研究》，湖南师范大学硕士学位论文，2015。

[58] 匡列辉、张明：《基于乡村振兴战略下新时代湖南农村生态文明建设研究》，《特区经济》2018 年第 4 期。

[59] 张小红：《基于选择实验法的支付意愿研究——以湘江水污染治理为例》，《资源开发与市场》2012 年第 7 期。

[60] 尹少华、王金龙、张闻：《基于主体功能区的湖南生态文明建设评价与路径选择研究》，《中南林业科技大学学报》（社会科学版）2017 年第 5 期。

[61] 杨红芳：《论“四化两型”发展背景下的湖南生态文明建设》，《经济研究导刊》2015 年第 6 期。

[62] 黄泽海：《绿色湖南视域下全省各地州市生态文明建设战略的比较研究——基于各地州市“十二五”规划的分析》，《现代农业》2014年第11期。

[63] 余韵、夏卫生：《南方丘陵区水土流失综合治理效益评价——以湖南耒阳市为例》，《湖南农业科学》2015年第1期。

[64] 王周火：《品牌战略视角下湖南园区产业转型升级研究》，《邵阳学院学报》（社会科学版）2017年第5期。

后　记

习近平总书记深刻指出，要自觉把经济社会发展同生态文明建设统筹起来，充分发挥党的领导和我国社会主义制度能够集中力量办大事的政治优势，充分利用改革开放40年来积累的坚实物质基础，加大力度推进生态文明建设，解决生态环境问题，坚决打好污染防治攻坚战，推动我国生态文明建设迈上新台阶。党的十八大以来，以习近平同志为核心的党中央把生态文明建设作为统筹推进“五位一体”总体布局和协调推进“四个全面”战略布局的重要内容，开展了一系列根本性、开创性、长远性工作，污染治理力度之大、制度出台频度之密、监管执法尺度之严、环境质量改善速度之快前所未有，推动生态环境保护发生历史性、转折性、全局性变化。

党的十八大召开后的七年间，湖南着力推进生态文明建设，制度和政策体系逐步完善，湘江水污染治理等措施强力推进，“一湖四水”河湖长制加快落实，洞庭湖湿地

等重要生态功能区实现有效保护，产业和企业转型成效明显，环境综合治理向纵深推进，生态环境质量持续改善，“绿水青山就是金山银山”的理念深入人心。但实事求是地说，由于湖南当前正处于工业化、城镇化的加速推进期，经济的快速发展和人口的过于集中给资源生态造成了巨大压力；加之生态环境历史欠账太多，部分领域的治理难度巨大，在生态保护问题上知行不能合一，行动落后于观念的现象还不同程度存在，湖南的生态文明建设正处于压力叠加、负重前行的关键期。唯有深学笃用习近平生态文明思想，牢固树立新发展理念和正确政绩观，扎扎实实把生态保护好，把环境治理好，才能仰不愧于天，俯不怍于民。

本书以党的十八大以来湖南推进生态文明建设的主要工作为主题，研究梳理了湖南生态文明建设的相关理论成果；归纳总结了湖南推进生态文明建设的基本历程与主要经验；针对湘江流域水污染治理与湖南高新技术产业布局和发展思路两个专题进行了研究；以永州市、岳阳市湘阴县、郴州市资兴市、湘潭市湘乡市水府庙水库为例，分别就“双河长制”、科技创新推动产业绿色转型发展、水环境保护与绿色发展、水库跨地区流域生态综合治理等问题进行了研究，并提出了进一步推进的思路、建议和保障举措。

本书的出版得到了社会科学文献出版社和湖南省社会

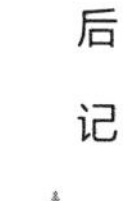

科学院科研处的大力支持，在此表示感谢，同时还要感谢湖南省社会科学院区域经济与绿色发展研究所谢瑾岚所长、经济研究所杨顺顺副所长以及区域经济与绿色发展研究所同事的热心帮助和付出。本书是对党的十八大以来湖南推进生态文明建设理论研究和实践探索的梳理和总结，由于篇幅所限，肯定不能涵盖所有的好成果、好经验、好做法和好模式，同时，由于本书作者水平有限，内容难免会有疏漏和不足之处，欢迎读者予以批评指正！

高立龙

2019 年 12 月 31 日

图书在版编目(CIP)数据

生态文明建设：湖南实践 / 高立龙著. --北京：社会科学文献出版社，2020.5

ISBN 978-7-5201-6226-5

Ⅰ.①生… Ⅱ.①高… Ⅲ.①生态环境建设-研究-湖南 Ⅳ.①X321.264

中国版本图书馆 CIP 数据核字（2020）第 029107 号

生态文明建设：湖南实践

著　　者 / 高立龙

出 版 人 / 谢寿光
组稿编辑 / 邓泳红
责任编辑 / 陈　雪

出　　版 / 社会科学文献出版社 · 皮书出版分社（010）59367127
地址：北京市北三环中路甲 29 号院华龙大厦　邮编：100029
网址：www.ssap.com.cn
发　　行 / 市场营销中心（010）59367081　59367083
印　　装 / 三河市尚艺印装有限公司

规　　格 / 开　本：787mm×1092mm　1/16
印　张：17　字　数：162 千字
版　　次 / 2020 年 5 月第 1 版　2020 年 5 月第 1 次印刷
书　　号 / ISBN 978-7-5201-6226-5
定　　价 / 98.00 元

本书如有印装质量问题，请与读者服务中心（010-59367028）联系